刪/捨就定位，每走一步都珍貴

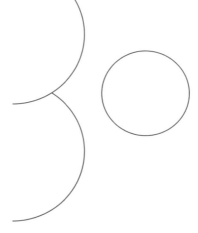

低薪轉高薪，月薪轉年薪，職場生涯突破撞牆期的高含金量法則

蔡侑霖
Danny Tsai——著

作者序

三十而立，刪拾而勵！

職場中你我，一天有八至十小時往返工作場域，一週至少有五天投入工作之中，算一算，人們一輩子有將近三分之二的時間處於職涯階段。而距離原本計畫中的退休年齡六十五歲，這幾年下來，其實多半也往後推移至將近七十歲。當世代流轉，市場逐年轉型，壯年人口減少，老年人日間增多的現代，何不趁機努力拚個幾把、搏個數次，好在這個最黃金的時段，展現最有力的高峰，撒網回收最優渥的回報？

工作上的成就、自信非常重要，但更為實際的，當然是能夠取得相對甚或更好的報酬，這正是「每天為工作拚命付出，對等數字理應合理」的最直接證明。當然，這也是日常所有錙銖必較開銷的支撐。

認清事實，趕緊就定位！

從我離開校園，成為一個懵懂社會新鮮人開始，到二〇二〇年創業擁有自己公司，這段時間一路走來並非總是順風順水。該走的冤枉路、遇到的妖魔鬼怪、光怪陸離的人事物，從未少過。過去的我，曾在傳統產業任職，家族企業的特有文化，讓我看清是不是「自己人」的差別待遇；我也曾待過光鮮亮麗的時尚產業，但也明顯感受到「人情冷暖」的超現實環境；離開台灣前往外地任職，原本期待的「發展自由、生活獨立」，卻因文化差異、不接地氣，而成為挫折的來源。種種一切的經驗，讓我體悟到想成功的人，都會因工作委屈而沮喪、怨懟，為工作輾轉失眠，甚至嚴重到萌生退意的逃避。就我來說，這樣經驗其實還不止一次。

我的第一部作品《不要在最好的年紀，吃得隨便、過得廉價》說的是每個年紀都該擁有最當下的抉擇與企圖心，那麼現在各位看到的這部作品，則是更進一步地一針見血道出我二十二歲到三十七歲的至今，完整工作實務甘苦談。書裡不會只有額手稱慶的成功法則，也沒有虛無縹緲的教條，而是進入職場後，真實面對工作時，所有關於生活、朋友圈、還有關係間的取捨。沒有人一開始就坐在王者寶座，想要的位子，都得步步為營，提早謀略，並且拋開路程中反覆干擾、不切實際的聲音——**這得是你的，親自去摘下的，好好登上並坐穩的。**

過去的我是工作狂，失衡於工作，但是到了某個時刻，我忽然發現人生在「刪」、「捨」之間，才能獲得舒適自在的踏實感。現在，我不再當工作狂，而是嚮往努力工作所獲得的相對報酬。不但要擁有主要收入，也要求自己斜槓，讓才華變現。善用金錢，理性投資理財，在自己退休前儘可能地有目標去拚搏，走向生活自在、財富自由之路。

在最有本錢的年紀，理性切出時間軸

二十二到二十八歲前，好好去學、認真找出每份工作帶給我們的技能、行事智慧，並且從不同的角度找出自己的興趣。雖說過程中，有些工作不免讓自己徒然走一遭，但總有能學習的地方，若試過、也彼此給過機會，只是最後仍然無功而返，那不妨鼓起勇氣說再見。換工作本不是丟臉、抬不起頭的事，而是再給自己一次機會，重新登入。

二十九到三十三歲，換過幾份工作、待過不同產業，該是你思考接下來人生的時候了。要不要結婚、要不要籌備買房買車、家中父母年邁的安置，種種階段性計畫，都是環環相扣的安排。這時的你若想獲得更高的薪酬、無非就是轉換跑道前往更高的職階或產業，並且試著找到輕鬆且與興趣相符的斜槓技能，增添額外收入，才能改善生活品質，解決實際開銷帶來的窘境。

三十四到不惑之年，先釐清工作對應「生活及生存」兩者之間的關係。

生活：短暫來說，一份收入可以為自己帶來無虞的日常開銷，但也存不了太多錢；生存：這是個長期規畫，這並不是只要有收入可以支撐日常生活即可的問題，而是要設想若有一天失去了這份工作，日常所需是否會直接受到影響？存款能讓自己支撐多久？專業技能是否可以到退休前都絕不被取代？邁向不惑之年的職涯，不是找工作、高職銜說了算，而是必須認清現實問題，體悟「找收入」遠比「找工作」更重要。後三十的職涯，掌握工作可以獲得薪水，薪水支撐想要的生活，延伸讓「報酬、投資」呈現自然滾動狀態，維持「低風險、有收入」的穩妥進行。

想提高收入，唯有「轉換、改變」此刻現狀，才有機會讓人生破格晉升。雖然難度與壓力也會隨之提高，但相對地，帶來的薪酬也更為可觀。何不趁年輕、擁有好體力、對事物充滿好奇、有試錯成本的現在，探索未知，讓自己放膽去冒險，我相信得到的成果肯定比平凡工作更有意義。每次的每個選擇，背後都有人生自然要你完成的關卡，要相信你現在踏出的每一步，都是珍貴而意義非凡。

「你愛生活，生活也會愛你；你喜愛工作，找到『刪』、『拾』過後的重心，工作也會讓你更上層樓、收入增加，距離財富自由，將能恰如倒吃甘蔗般越來越順手，也能讓你的人生抓到順行的撇步！」這正是我時常在許多機構及學術單位分享提到人生與職涯心法。

目錄

Part 2

拾

30不委屈，氣場強韌的人不怕暗箭襲來

Part 3

定

30就定位，有中心思想的人腳步越穩

Part 4

位

30好好過，過去的經歷都將是未來的養分

Part 1

刪

30起步走，敢脫離舒適圈的人最強大

1. 年紀不是成就的驗證密碼，隨時校正人生目標時間軸才是

現在的你可能已經發現，即便是同一間學校畢業的人，在工作歷經幾年、換幾份工作後，寫下的人生劇本也大不相同。於是我們開始為自己負責，設定時間軸也變得格外重要。

時間軸的設定，在於讓自己檢視近程目標是否偏離航道，中程階段是否導向執行的路途，延伸的遠程目標是否有望如預期完成。這聽來似乎是八股的教條，

但計畫性地完成階段任務，可以省去途中的意外錯誤，稍加調整，更能有效為自己定位。有規畫的人生，不會苟且活著、患得患失，甚至遠比走一步算一步的人離成功更近。

只是，多數人更在乎的是照顧自己的情緒，放大自尊及面子問題、小雞情懷的情感勒索、旁人的無心指教與批判，由於「內心戲太多，小劇場太豐富」容不下自己承擔任何委屈及吃虧，千錯萬錯都是別人的過失，總認為太過努力的自己，容易被別人占便宜……只是，當你花太多時間照顧情緒之際，其實已經有一群人跳脱評價，不花時間在無意義的猜忌，他們選擇面對現實，找出問題，並冷靜且理性地應對。要深信時間會給予最好的答案，也會間接證實各自的本事和修養。

做不好就得看緊目標，成敗在堅持的意志力夠不夠續航

搬磚頭的小弟何時當上師傅？洗頭助理何時當上設計師？行銷專員何時成為部門總監？對「時間」的茫然未知，讓我們消極地懷疑人生，卻也能正面地成為

積極設定的目標。成功之路的行進中，難免有無關緊要的干擾、逆耳的阻擋，但多數成功人士也並不會起步都是順遂。開啟高優心理素質的外掛模式，一定有讓人倒吃甘蔗般的理想機緣。

誰的成功背後沒有卡關碰牆？我們肯定不是一夕中獎的彩券幸運兒，也非出生就被幸運之神眷顧的富家子弟。要豐收，就得辛勤耕耘，要出師，就得打穩底子，有機會成功的不一定是最優秀的那群人，但肯定有耐得起磨練及打擊的心性。

要積累豐富的經歷，每日的磨練就是下個關卡的通行證。輸在起跑點沒關係，年齡也沒有絕對關聯，過去都已經過去，別原地踏步持續糾結，而是趕緊迎頭追上，不為自己找藉口地一路奔赴。

丟開沒完沒了的比較！你的職涯與人生，影響往後十年的生計

一位朋友 Peter 是知名企業的助理工程師，有一天遇見行頭全是名牌的老朋友，戴的是勞力士、掏出的名片夾是萬寶龍，對方表示當房仲很好賺，也存到人

生好幾桶金。動心的 Peter 在年終前奮不顧身辭退六年的工作去當起了房仲。凡事起頭難，三十歲的他體力不如二十六歲的朋友，要他放下身段在街口發傳單、週末帶看房，有時還會遇到胡搞蠻纏的人，無法耐著性子好好解釋還算好，後來還曾一言不合跟客戶吵架。

午夜夢迴，他開始懷念當助理工程師的過往，雖然電路板冷冰冰，日子過得一板一眼，但每個月入袋的薪資及獎金已是一般上班族兩年的薪水，不必拋頭露面、看別人臉色，當時還能維持多一些自尊。

短利近視，只會讓你看到同儕表面上的亮麗；虛榮心只會讓你一步錯、步步錯。想提早出人頭地，任何人都得得努力一番，才有機會撥雲見月。天下沒有白吃的午餐，每一種選擇都有未知的風險，得要有本事奉還。

人生有兩個鬧鐘：一個是社會年齡設定，一個是個體人生設定

工作的意義無非就是為了得到報酬足以「生存」再來「生活」，並且能不減

熱情維持成就，持續運轉。不可否認地，年紀是把殺豬刀，別忘了提醒自己面對現實，時間的價值掌握在自己手中，演什麼就要像什麼，別忘了隨時隨地「校正時差」。

關於優秀，有的人天生開外掛；有些人則只能靠慢工出細活，無法一點就通、舉一反三，需要時間來催化成長。對於天生比較慢的人，在工作上較易吃悶虧，因為他們可能沒有被伯樂慧眼一眼瞧見的體質。這種人所該把持的積極作為，就是堅持前進腳步，不自我懷疑，因為心急無用，唯有加快腳步才是能跟上的解決方法。

在起跑點耽擱了，更沒有理由再花時間沉溺於情緒中，不必對外討拍、求他人關注，而是真切關注自己能每天不斷前進。沒有捷徑能一步登天，日積月累的練習才是真功夫。在耳邊響起的，無論是社會年齡提醒的鬧鐘，抑或人生個人設定的時刻表，別被社會框架下的表定綁架，校正適合自身的時間軸，總有一種節奏能讓你走向自己該有的那種人生。

當你懷抱著明確的目標，就更能明白自己的意志力該為何事堅持，也就能不疾不徐地出人頭地。一輩子很長，日子好壞都是自己承擔，能陪你走上一輩子的不是別人，而是有堅定意志、踏實心靈的自己，再遠的冒險之路，也將有走完的一天。

2. 自以為是撼動人心的生力軍，卻讓面試官最難上心

面試時，所有人都想表現出積極態度，渴望成為新東家的生力軍，附和及爭取面試官的認同，過於客氣迎合，若一來一往的對話說得太過頭或言過其實，只會引來對方疑惑，甚至弄巧成拙，失去原本可能到手的工作機會。

古人以「竹」比喻君子虛懷若谷的品格，枝彎而不折，是柔中代剛的做人原則。禮貌上的謙卑使面試更有勝算，讓對方可以感受到誠懇與正向。但相反地，

官腔客套、無意義的應和，也會讓面試官內心打起兩種分數：一是認為應徵者虛情假意、矯揉造作；二是期待如此優秀的人才，未來上任每個難關都要迎刃而解，殊不知發現卻是誇大其辭的空頭支票，只是兜轉一大圈的騙局。

自以為積極，但面試官最討厭聽到的一句話：「沒問題，我可以學習！」

許多應徵者總將「學」字掛在嘴上，尤其容易出現在職場菜鳥、想轉換跑道的上班族身上。雖然這句話是實在話，但聽在面試官耳裡，就不太中聽了。因為公司期待的專才是一進入公司就能馬上進入狀況，而不是像在學校上課般慢慢學習，就企業的立場而言，重點是招募專才，而不是成為職前訓練班或進修機構。

或許可以換個說法：「過去我曾接觸過相關產業，進入狀況很快，並不會陌生不熟悉。」「這個職務的相關技能，是我學生時期經常碰過的問題，所以相信能很快銜接上工作。」讓面試官立刻瞭解你不是生手，也不是欠缺專業基礎的人，才可能會安心、無疑慮地錄取你。

你以為加分，但面試官最扣分的一句話：「我可以加班，也願意吃苦！」

許多資深高竿、反應極快的面試人員，看太多「呷緊撞破碗」的應徵者，多的是說錯話，甚至答非所問的人。在有冷氣、可遮風避雨的辦公室上班，卻急於表示：「我可以吃苦，多苦都可以！」這樣的說法無疑挖是洞給自己跳，無知的官腔有時會弄巧成拙，建議只要依據實際狀況回應自己的想法即可，如：「可依照公司及部門指示，接受專案及挑戰，我有高度的配合度及意願。」這樣的說法可以完整表達自己是一個成熟的工作者，也能實質回應，能中肯做人做事。

你以為令人動心，但面試官最不上心的一句話：「職銜不是問題，我可以減薪，配合公司！」

對於應徵者來說，薪資福利及職稱是個人的有價名片，千萬不要隨便降職或減薪，面試時也建議讓對方主動提出看法，並且不在第一時間貿然回覆，這不但能顯現你的慎重，而且也關係到任職後的年度檢核。

許多經驗老道的面試官、聰明的老闆，會為了節省人員支出，刻意聲東擊西，希望應徵者降職又減薪，才願意錄取你。而面試的你，最完美說法是：「我明白每間公司的政策不一樣，今天邀請我來面試，相信貴司會安排適合我的職銜，並且給予我相應能力的薪資水準」。說到這裡，你內心肯定有自己的薪資底線、合理的職銜，並不該任由新公司來主導安排。

丟了一次面子不過是學習，丟失了底子就永不得翻身

談到被降低薪資，相信許多人內心肯定不太好過，為了雙方可以盡快談定，或許你可以直球回應：「我有意願進入新公司及新職務努力、配合公司政策，爭取適合自己的職銜所帶來的合理薪資。但若較我前一份的工作待遇更低，我認為我們可以進一步溝通安排。」一般來說，談論是否要減薪或純粹試探應徵者的口風，應徵者第一時間感到尷尬，即使是心之所向的夢幻公司，我也建議薪酬必須

開高讓對方議價，踩住底線，千萬不是「一拍即合」定案你的職場身價。

職涯道路很長，會遇到各種人事物，如果現在正是你的低潮期，實在不需要讓自己身陷窘境，患得患失地糾結或自卑。工作面試時，你也無須過度謙卑、官腔客套，反而要呈現出最真誠的態度面對新公司及面試官，這才是你掌握就職入門票的關鍵。

3. 失敗只是試錯的課題，明天日出後又是全新一天

小美是我在公關公司認識的朋友，時常需要聯絡大小瑣事，她得處事圓滑、耐得住性子處理客戶們的疑難雜症，交代她的每件事也必須能舉一反三，細心為每個專案促成雙贏結果。日子一久，小美發現工作量越來越多，事項越來越繁瑣，往往心有餘而力不足。

她將自己面臨的困境如實告訴主管，但主管卻沒有心思理解或改善。她也試

過將工作上的大小問題請教資深前輩、一位同樣於公關廣告業的朋友，大家口徑一致地勸阻她多忍耐，要她「吃苦當吃補」好好實際操練，並以「能者多勞」激勵她。

如海耶克的名言所言：「通往地獄的路，都是由善意鋪成的。」職場上這些善意的勵志良言，始終都得讓時間來驗證背後的價值及意義。多少人卡關在這種好意掩飾的「情感勒索」上，難以心服口服地徹底認同，就算短時間內耐著性子勉強自己，吃苦當吃補久了，也壞了身心，要修復，成本更高了。

可以不要加油了嗎？老是被當工具人的你，得先調整人設標籤

工作環境無法為你而改變，主管更不可能只因你調整公司政策。職場上有太多「軟腳蝦」主管，既怕扛責任又怕背黑鍋，下屬只能讓自己更強更有智慧，見招拆招，扭轉結果。

主管之所以不想管事又無法秉公處理，一方面是因為他的性格懦弱，另一方

面也怪你自己太良善，一切委屈都讓自己全都買單。想要奢求有人為自己求情、轉換情勢，你得思考要如何改變自己，不要再當便條貼職員，因為職場上的爛好人永遠不值錢。

職場上有價值又受歡迎的「好人」，並非只會說好聽話，而是能讓所有人都能清楚看見你的鮮明特點及優勢，並且明白你是個裡外都一致的「中肯好人」。雖以公司及團體的利益為優先，也絕對不只是自私為己的狹隘心思，看事情有效率、有效果並且值得讓人信賴，並且總能提出客觀見解。

另一方面，職場上的爛好人裡外不一，一方面怕自己被責罰，另一方面表面上又不願讓他人失望，輕重緩急分辨不清，對於他人不合理甚至難以達成的要求，也一口允諾。但一旦失敗，只能崩潰認輸，事情無法達成是一回事，不一致的形象更失去了信用，成了同事們眼中辦事不牢靠、鄉愿且只求表面的無用之人。若是不明白自己有多少本事，就貿然承接自己接不下來的職務，也只是說的比做得好聽的人。

埋怨不如調整，火大不如開幹

工作上受歡迎的好人，不見得是脾氣好又好説話的人，只是對於自己及公司而言，有目標明確，並且清楚理解如何為公司謀得最大的利益，而這樣的人肯定不會只讓自己當默默吃虧的角色，針對「負擔的工作量、執行內容」都能合理行事，並且配合公司腳步；同事與跨部門的人際間互動，都可順利來往。想讓自己爭氣地改變，工作上能如魚得水，建議請把握以下幾點原則：

●不私下放馬後炮，一律公開會議場合表態

為避免做白工或老是被欺負、權益長期被壓榨，能做好做滿的地方，無非就是在公開場合及會議上把問題提出，同步表態看法及事宜分工，因「軟腳蝦」類型的主管，個性懦弱且不擔責任、犯錯不扛責任，為避免同樣事情再次惡性循環，最適合的便是公開場合完成進行決議或是留下往返信件紀錄。

● 不立即打臉或反抗主管，刻意做球讓他接

主管以侵略性態度提出問題，身為下屬的你對主管回話的態度，最好是依循「先禮貌順從、後緊追詢問」的方式，讓在場的人認為是主管發出指令，而你只是配合執行。更進一步來說，會議的氣氛，必須在枱面上順水推舟「問」下來，讓主管公開回答及直接指示，原因是許多年輕人都耐不住性子或「吃緊撞破碗」，往往只會讓人覺得是員工的不成熟。

● 學會說漂亮的場面話，以公司大局為重

許多手腕厲害又聰明的人，說話總是暗藏玄機，自然表態而不讓人感受虛假。事實上，四兩撥千金是你的本事，但不要全然扛下便是你的責任，成就團隊的向心力，也要讓大家共同享受成就、一同分擔風險。

通常，在話語之間，平靜沉穩，又不失理性中肯是不會錯的中庸之道；然而，有時候表面上的恭維之詞，雖然說出口的話可能會連自己都反胃，但我要提醒你的是這是務必學會的漂亮場面話，藉由好聲好氣的「賦予責任」來得到資源及協

助，像是「行銷專案雖能獨自完成，但有了業務部的專業指教，我們才能提前完成，甚至交出好成績而達標」「廠商很喜歡我們的品牌，企畫部夥伴們加入分工，更能讓廠商看見公司誠意」。

工作中，難免遇見挫折瓶頸，最有效產生變化的作法，就是改變自己的思維，用智慧去看大方向發展，當自己更有能力的時候，你還擔心會遇不到賞識自己的伯樂嗎？

4. 三十而慄：再怎麼苦，三十歲前都當補品吃下去？

四年後就三十歲了，但我才工作三年多，怎麼「三十而立」？怎麼出人頭地？太難了吧！身上都沒存到錢。

父母老是嫌棄我，說我一年換了五份工作、男朋友也不停換新，這就是長大嗎？我何時會成熟一點？

每個月都是月光族，離開學校開始還貸款、還卡費，沒本事買房，什麼時候才可以結婚，好無助。

二十多歲的人，大多數都有「三十抑鬱」的煩惱，面臨三十這個數字，除了不想面對、也不願過完生日後直擊現實。三十歲的第一天起，似乎任何人都得為自己交出一張「功成名就」的成績單，小至買車、買上幾件名牌衣物，大至結婚生子、有房產投資、能為未來撐腰的幾桶金，甚至是工作上的了不起經歷，只是多數人可能想破頭也沒什麼漂亮成績，只有心虛及無力感。

過了三十歲後，所過的每一天未必都是一帆風順，往往猶豫及焦慮，促使距離夢想始終遙不可及，每過一年心裡就越不安定、越沒有十全把握；時間越過越快，已沒有絕佳體力讓自己一躍而上，總認為旁人比自己厲害，比自己更清楚人生方向及終點目標。

提早把吃苦與人生順序排好，為自己盡早寫好腳本

許多年輕人將生活上的苦楚、不符合期待的工作血淚史分享於社交平台上，卻換來不瞭解現實情況的嘲諷，對於不同世代的「三十而立」本就不該拿出來相互對照，怎能把六〇、七〇年代比較現今，一般電話大戰智慧型手機，同樣是大學畢業的上班族二萬八千元的薪酬，如果用在現在扣除通貨膨脹後，誰才是真正可存些閒錢的年輕人呢？

無論身處何種環境，提早為自己的人生做好安排，有實際執行的行動力，日子雖然苦，也才有機會贏在起跑點。職場上經歷的苦痛修煉、人與人關係的應對、生活層面的直球衝擊，都會促使你得取養分，哪個成功人士不都是提早看清事實、先苦後甘，犧牲部分玩樂而造就現在發光發熱的樣貌呢？

無論過去或現在，讀完碩士或博士都已將近二十六、八歲，男生還要還給國家四個月至一年的兵役時光，出社會工作都二十八歲，距離所謂的「三十而立」只剩短短不到兩年時間。沒有就業經驗，未來人設也沒摸清著落，成家立業或娶妻生子，到底哪來的錢？可能還得指望家裡贊助或跟銀行貸款。

那麼，為什麼許多高材生仍不敢輕易換工作，死守賭注一份工作到退休，多數原因是因為年過三十，機會逐年縮減，而職場上的限制也增加，選擇權可能已不在自己手中，而是操控在他人手上。如此心態完完全全就是本末倒置，這樣的「三十而立」就成為老掉牙的魔咒，食古不化般不合時宜的謬談。

三十五而立，才可看出你的真本事

常見的問卷調查中，二十五至三十歲常為一個欄位的區間範圍。然而，三十一至三十五歲，我認為才是真正職場成年的年齡審核基準。

過了三十歲，你變得更成熟，明白哪些工作適合自己，哪些努力在經歷過後仍不擅長，而興趣是否能有力支撐你持續職涯，或成為另一項斜槓的成就。的確，三十五歲足以見真章。是時候拋開傳統觀念，六十歲退休含飴弄孫、頤養天年的刻板印象早已過時，近年鄰近亞洲國家都出現退休年齡的延後趨勢，落於六十五至七十歲，甚至已有「高級年實習生」、「銀髮族三度就業」的職場新生態。

換句話說，這是以「三十五而立」為基準的新時代，到了三十五歲，仍要面臨三十至四十年的工作生涯，尚有許多時間能拚搏事業，還擔心不夠時間出人頭地嗎？

請多給自己五年的時間，找尋自己人生的方向與目標，趕在三十五歲前定位，也找出往後另一個三十年的方向。雖然不必求絕對精準，但也請給自己合宜的範圍，聚焦於有展望的職涯藍圖。過了三十歲，求職的條件難免越來越侷限，盡可能於三十五歲前釐清志向、劃出個人優勢，企業人資更能依你的職涯軌跡看出你的長處及潛力，錄取機率上有更高勝算。

換工作銜接有關連，人設才會越來越明確

如果，目前在每個單位的工作時間不超過二至三年，年輕人得到人資青睞的關鍵，就是讓你的職涯曲線看得出關連，有明確的企圖心。若每一份工作上的轉換都毫無邏輯可循，那麼你這份失焦的職涯成績單，也難免讓面試者一頭霧水。就你現有的成績單，自己總要有一套說法，能說服自己的也才有機會得到企業認

同。如果每一份工作都有職涯成長的關聯性，就算不在同一個產業及職務，也能有條理地說明自己積極的企圖心，這才是更上層樓的氣度及氣場。

三十歲如此辛苦，也得努力拚一波，無疑不是為往後有更好發展鋪路，每份工作之間的串聯該有明確的人設轉換，如專員到經理，經理到部門領導甚至是公司的核心人物，而薪酬的漲幅也該有所根據且合理的定位。

三十歲的一開始，期許自己當個有謀略、成熟心態的職場成年人，定位好你的人設、越來越精準的職務方向；三十五歲預備而立，倒吃甘蔗，預見豐收，並非是做不到的幻境夢想。

5. 學科是基本盤，興趣志向才是漫漫職涯的熱情關鍵

有些苦水聽來熟悉，但要深刻感同身受，勢必要有過同樣的經驗，曾走過一樣的心境。

工作幾年下來，真正支撐你的肯定不是對未來飛黃騰達、憧憬驚豔的想望，而是報酬多寡、津貼獎金的實際考量。一路衝破三十，在工作而言，其實有年齡的規範限制。只是，多數品牌與企業，不會也不敢承認，是打死不言的潛規則。

你將發現，過了三十歲，找工作似乎遠不比二十出頭的新鮮人順利，甚至已經出現「高不成、低不就」的瓶頸窘境，逐漸失去當初懷抱的熱情初衷，曾經豐盈的理想。

生活中不斷被現實打臉，努力工作又持續加班，犧牲假期與休息時光，就算是個福利好、職銜高、令旁人稱羨的工作，但內心的理念卻動搖不已，腦海中總浮現困惑的自我呢喃：「是該換工作了吧，這份工作真的做得好苦。」「在這裡工作五、六年了，升遷、加薪的都不是我，該換跑道了。」抱怨市場環境，懷抱著對公司的怨懟，直接面對的的總是那些工作上的負面情緒。

工作上長時間的不快樂，該直球對決影響情緒的主因

在上海廣告公司工作的朋友 Lisa 喜歡繪畫，但家中無論是經濟還是精神上都無法支持她繼續當插畫家，讓她非常痛苦。她曾短暫兼差當代課老師，那段日子開心自在，但三十六歲的她後來仍因為「家計收入」的經濟考量，繼續回到廣告

公司當專案經理。六年的時光消逝，成為一個插畫家的夢想毫無消退，只是如今只能在閒談中抒發情緒。

她無奈托著下巴，說她真的不愛當幫別人工作的專案經理，然而旁人都勸她不要眼高手低，有收入為第一優先。Lisa 曾在廣告公司實習三年、正職四年，七年來在同一間公司都撐過來了，表示她實際上也沒那麼討厭這份工作，至少也符合她的人設與工作興趣。只是，她疑惑地提問：「我每天像條狗一樣又忙又倦，超級不快樂，為什麼？」

這心情聽來耳熟嗎？這不過是現代人的日常描述。上班累到體力透支，下班當然就要喝一杯、耍廢不做事，哪還有閒工夫再經營興趣、找樂子？實際上，我們都遺忘了一個事實，多數工作實在耗腦又費時，做完後彷彿電力只剩一格，也無力多做其他事，這工作肯定不是興趣或擅長之處；換言之，有些工作會讓人越做越興奮，毫無感到疲累，做完還可以上健身房、回家再看一部劇，因為這份工作通常是你有興趣、熱情喜歡的內容。

以「理想」分類，工作可以分兩種：一種燒腦又消耗能量；另一種則是補給能量又能重燃熱情。以我而言，當公司每每有新品上市，我就得長時間研究商品特色及產線細節，回到家只能大字型躺在軟骨頭沙發上，疲累到無法回覆廠商郵件。然而，只要我開始撰寫專欄，再搭配一杯熱呼呼的黑咖啡，心滿意足下，從上午到傍晚都不會心生厭煩，還可以做上百下伏地挺身，有餘裕再聽聽幾張音樂專輯，或多追一集美劇。

對我來說，多數工作都是消耗體力，每週寫篇專欄則是我新能量的補給品。每個人都有自己喜惡的事物，而觀察自己的喜好，給自己調適空間，特別是在面對工作時，就會有完全不同的角度及切入點。

找出志向興趣，保持興奮感，能量才不消耗得快

每日出門工作一整天，行程與會議滿檔又無法抽身，身體疲憊、心也倦怠，內心總有一個缺補的空洞，靈魂深處的匱乏，日復一日地忙碌，我們一直選擇逃

避、視而不見。假設，如果在正職的時間去面對感興趣的一切，便會覺得即使是雞毛蒜皮的小事，也心甘情願去做又任勞任怨，原先苦楚扎心的心態也能明媚風光，甚至再次燃起熱情繼續下去。

令人快樂又興奮的例子，都是基於積極心態及興趣，除了是擅長的事，也願意付出時間投入。這些前提特別的是，你的能量不會消耗得特別快，而是事半功倍地完成，進而產生充實感及高度正向心情。

工作，選擇太難，那就兩全其美都拿下

想要照料自己覺得受傷的情緒，卻又被生活上的經濟重擔壓得喘不過氣，每個選擇都難以面面俱到。現實層面需要穩定收入來支撐生活，弄得自己身體勞累，靈魂空虛到求救無聲，卻也往往彌補不來；相反地，若只照顧情緒，不計金錢及薪酬，到頭來也會被現實賞一記耳光。面對父母及親朋好友的期許、傳統社會三觀的施壓，Lisa 就算心生放棄公司正職的念頭，卻也絕對不可能實行。

所以，她需要改變眼前的選擇，不用取捨，而是兼顧麵包及興趣。後來的她，在下班及私人時間當業餘插畫家，至少也解決「心境不美麗」的窘境。未來的事很難講，或許幾年後插畫有機會成為她溫飽的正職，多了一項技能至少能增加額外的收入。

任何人都嚮往兩全其美，要放棄任何珍視的事物，都會是煎熬難受的損失。窮途末路時，換個維度深思其他可能，無論是要斜槓、要開發興趣，都不要畫地自限。那些厲害的成功者，往往不只是擅長分配事物的輕重緩急，他們還有自己一套完善的時間管理，也會讓自己沉浸於其他志向或興趣，緩和正職帶來的壓力。

適時讓靈魂放飛自由，心靈翱翔更能為自己帶來滔滔不絕的靈感及正向能量，更專注且有充沛活力地過好日子，這何嘗不是一種成就？這樣的成就將會帶來豐收的果實與報酬，身心顧全，人自然也會跟著煥發神氣。

6. 步步驚「薪」，是進入高薪門檻的第一步

許多剛離開校門，二十幾歲至三十歲的年輕人們，玩手遊玩到不吃飯、不睡覺，甚至無法花心思在其他事物上，整顆心都放在破關及裝備升等，盡全力霸服，不成為最高戰不罷休，周圍所有聲音都難影響自己的執念。

建議你給自己一次這樣的努力：對一份工作保有專注感，追求成就感，透徹明白所有累積自己專業的一切。你的這輩子工作要花上三十、五十年，現代人收

入趕不上通膨，壓力趕不及社會期待，對於退休的人生排程也逐漸往後。因此，三十歲以前，從工作找尋屬於自己解決問題的處事風格，用什麼技巧應對關係也變得格外重要。不要讓工作成為日復一日的無聊排程，要像是面對玩手遊的情境一樣，找出個人升等的手感，以專業訣竅當作魔法的施展，你將會有意外的收穫，興奮的成就也能成為工作上的等值回報。

當個處心積慮的特務，關關難過關關過

假設，你現在擁有一份喜愛又擅長的工作，這樣短暫的滿足，維持一陣子並沒有太大問題。若是目前你所做的工作不那麼符合期待，也找不到理由可以說服自己，你就得好好拿出「破關」精神來面對！一旦破了一次關，才顯現自己原來有本事完成，胡攪蠻纏的瑣碎事也都可以解決，倘若遇到有興趣或高難度的工作，還會做不好嗎？

面對眼前的困難工作，無論喜愛或厭惡，務必鍛鍊出應對的心志，在使命必

達前，得要穩定心性，將情緒擺在一旁，「有頭有尾地完成任務」就必須是你的目標，直到成為最高戰為止。

電影裡，那些有膽識也有本事的特務在臨時接到指示後，便立即出任務，他們都有一個共同點，就是：流血又流汗地使命必達完成不可能的任務，不抗拒、不糾結。這些特務們拚命往前衝，以智慧化解危機，儘管過程艱辛，也以慧眼找尋志同道合的夥伴，完成被指派的危機。職場也一樣，事成後得到自我認同的成就之餘，也有機會被肯定，甚至是加薪、升職，看不到的收獲是處事經驗更加靈活，這些全是先苦後甘的獨家經驗。

不做職場小白兔：難道，你的存在只是為了證明「便宜有好貨」？

向主管或發薪老闆商討薪水時，雙方都要一一檢視你曾有的豐功偉業，但你仍得認清自己的人設與立場。例如，你前幾份工作的薪資水平，漲幅的幅度五千元至二萬元都有可能，也可能依照產業屬性及職稱階級，順理成章往上爬升，由菜鳥變成老鳥，甚至坐上管理位階。

在職場中，有一種小白兔長年勤勞努力、配合度極高、態度也順從，身上卻滿滿是代辦交付的便利貼，全是最瑣碎又無產值的屁事，整間公司都想占盡便宜，但主管及老闆卻未曾器重，加薪與升遷都沒有他的事。最難受委屈的就屬這種人，甚至離職的最後一天也不被人尊重。要記住，職場上好人未必會有好報。

職涯一路上處心積慮地安排、計畫，無非就是想讓自己可以擁有「同工同酬」的正比對待。在這之前，如果不提早就定位弄穩心性、明白自身遠程目的地，除了痛苦看待工作日常，就連薪酬都無法突破成長，生活也不會更多憧憬，基於被懷疑人生的模式壟罩，持續投履歷、意興闌珊又換工作，惡性循環也是預料中的事。

提早為自己卡好位，高薪也會提早報到

職涯上的前幾份工作總成長的養分，助你成長茁壯。如果新的職務仍在同一

個產業中，專業的關聯性有了，自己轉職為自己加薪的幅度，自然也會高出許多。若不在同一個產業、也不是過去熟悉職務的相同職稱，薪資水準較可能原地踏步，甚至比上一份工作更低，得要打掉重練，從頭歸零。

我曾有兩份都屬生技產業的工作，內容都是品牌經營，客戶及通路都是量販商及線上電商。同產業的兩間公司勢必有對立關係，但就資方立場而言，你若有意願到公司效勞，也肯定會帶來資源、有別以往的推廣方式、銷售方案，甚至是商業機密。只要你是個人才，公司肯定樂意提供你更高的薪水及獎金，甚至許多你意想不到的福利，目的終究是要人才的投入，為公司帶來更多商機的可能性。

三十歲前，要明白時間的珍貴，努力付出，自然也不會少了收獲，但不努力，肯定沒有獲得的機會。你甚至會很意外地發現，你的本事和努力可以「複利」成長，意外獲得貴人及大好機會。年輕確實就是本錢，在腦子靈活的最佳階段，付出體力及智力往往有更大的收益。

為避免自己成為老員工後沒有價值，你得學習融入年輕人的生活圈，瞭解時下的用語及思維，正所謂「活到老，學到老」不就是時時保持好奇求知，對過日子的態度保持彈性及可調整的空間。一旦好說話了，距離感減少了，默契增加了，誰還會往我們身上貼「老古董」高不可攀、難溝通的標籤？

公司老闆不聰明嗎？肯定比你更會算計，更知道如何運籌帷幄，你能做的就是好好在年輕時打下自己一片天地、為自己的努力提早籌畫出一盤勝者為王的棋局，由低薪變高薪，月薪轉年薪，熟能生巧之下，加速出眾個人的產值。

7. 搞清楚，這是興趣還是一時興起的幻想？

傳統的家長，對於孩子畢業後的發展總會提出相當多的建議。然而，我也發現到，個性「與世無爭、迷迷糊糊」的人總是聽從父母的建議，乖乖循著他們的規畫，不要出太多紕漏，照著前人及最安全的道路向前駛去，循序漸進，一半以上的人生便也不大會有任何差池，或許踏踏實實地按部就班工作，也終究能擁有一番豐收，這輩子也會穩穩過一生，平凡且簡單。

相對地，另一種人相較起來更讓人捏一把冷汗，即是超級有理想主見、想法多、對事物熱誠不滅的人。

比起前述的乖乖牌們，這些人多了對未來的憧憬及夢想，理解市場及趨勢的變化，卻也擁有更高的自尊心及優越感，但只要發現現實與自己的觀念背道而馳，就有可能讓他們對環境及市場有所埋怨，甚至讓三十歲前的努力都報廢。但請記住，真實世界中的職場及生活，有太多即便憑藉自己的努力也無法違背的原則。這類型的人，有著不可越矩的尊嚴、無法顛覆改觀的硬脾氣，人生處世的大原則是必須朝著自己夢想去完成「發現自己的好、親歷名利雙收、找出人生的價值，至於賺不賺錢都不再是非得看重的重點」。

然而，答案的背後很明確，他們所渴望的，未必是這個社會可以給的。只要將這些鑽牛角尖的「莫須有」堅持，重新思考再切入核心，這些原本光擁有熱誠卻抓不到重點的年輕人們，也會有機會成為最有爆發潛力的領導人物，不可多得的後起之秀。

打臉第一個莫須有的堅持：找工作，一定要找本科系且相關產業

大學畢業，甚至一路取得碩士、博士文憑，許多人心裡總堅持認定未來工作非得學以實用，否則辛苦唸了快二十多年的書，全都泡湯了。花了這麼心血，不反饋到職場，豈不是太可惜了！

但事實上，職場中只有醫療體系相關、專業的學術單位、科技資訊電子公司，才會擬訂要求科系外，七五%以上的就業職缺，並不是非本科生莫屬，甚至新興產業及趨勢品牌面試時，不太願意錄取相關科系的學子，多半的原因在於「太單一、擔憂工作不知反轉、沒有新奇創意的思維求新多變」。多數人離開學校後，靠的都是後天的學習來造就專業，許多專業經理人是以「經驗」、「視野觀」的積累才有一番成就。

因此，無論學歷多高，最後都要接受的事實是：學歷只是基本門檻，培養自己的基本知識及品德才是最重要的。離開學校後，知識不一定能百分百轉成變現的技能，但不可否認地，絕對有益於事物應對的切入及邏輯。早點體悟這個事實，

才有機會找到更助於未來發展的工作。當初對於心屬產業的憧憬，在進入社會後已有新發展，市場趨勢年年轉變，你的專業到時候是否還能撐場？

打臉第二個莫須有的堅持：找工作一定只找有興趣的，否則不會做得完美

我們時常聽到前輩還是周遭朋友們的有這樣的分享，但背後真相其實並非適合每個人。

許多年輕人工作上累積了五至十年的經歷，來到四十歲依舊沒找到適合工作，「感興趣」是工作上的唯一條件首選，如果「不感興趣」便是爛工作，並且持續抱怨工作，甚或是一年換數份工作，造成自己的職涯欠缺穩定性。就算好不容易有了一份工作，心中也總是掛記著自己那份「感興趣的工作」，未認真重視眼下的職務。

並非所有工作的事務都能與自己的專業不謀而合，甚至剛好也是自己的興趣所在，但務必記得：只要是工作，一定要是自己底線所能接受、可勝任的職務。

要把一份工作職務做好做滿，的確不是件容易的事，但卻是你得心應手，做起來也是最有熱誠，表現毫不生疏的責任。至於是不是「感興趣」，現下都不會是首選，重要的是，你當你選擇這份工作那一刻起，就必須讓自己能輕而易舉、自在迎刃而解。

客服銷售、行銷企畫或與人接觸的職務，便馬上吃閉門羹，立即體悟「理想與實際不同」，原因是同樣專長，處於不同環境或產業，結果肯定不同。久而久之，你便能學會找工作該如何讓自己的專長得以發揮，燃起熱誠，樂在其中，儘管付出多一點也不會抱怨，給旁人有穩定感，職涯規畫才會不偏不倚地朝往核心管理層邁進。

打臉第三個莫須有的堅持：找工作，不是理想工作就無須繼續久撐

「出社會就要找一份理想工作，否則努力工作要幹嘛？」這句話無論是哪位成功人士所說，都徹底誤導許多的社會新鮮人。對於工作上碰到難題，就抱持「不

爽就辭退」來換工作的人，尋尋覓覓也找不到一份「理想工作」，讓他過上的好生活。就算是拿著一手好牌的人才，這想法也讓他斷送前程。

就因為不是心目中的理想工作，更應該學習、投入及付出，若只是渾渾噩噩地盼著領薪及下一個發派的任務，最終那個意志消沉的自己，怎樣也得不到所謂的「理想工作」。讓自己和那些軟爛上班的「躺平族」有所區隔，你若是不埋怨、不消極的好人才，八成也能為「一份算是喜歡的工作」好好用心地做下去，這份工作遲早會變成「理想工作」，堅持投入、循序漸進，離理想工作還會遠嗎？

說到底，「理想工作」欠缺不了自己的用心投入，也需要花時間專研。理想雖說是理想，過程中也很可能碰到挫折、掙扎與煎熬，甚至令人想要放棄。在工作或人生的十字路口時，稍作休息，重整心情，調整適應後再次出發，嘔心瀝血後的成就，不只是理想，還是屬於自己的代表作。帶著初衷，一路上修正想法，你只會越來越靠近人生指標的這份作品，才稱得上是「理想工作」。

8. 不是每個道別都有美好回憶，劃上句點也要留名聲給人探聽

對於一份心心念念的工作，我們會花許多時間想辦法拿到手，前期也會從身旁的前輩、親朋好友們旁敲側擊，打聽新公司環境、部門主管好不好、年終福利待遇夠不夠漂亮；相反地，找新工作都如此認真投入，那換工作呢？你也得跟找新工作一樣的主動積極、向每個即將別離的同事或主管、老闆道出感謝，好聚好散，甚至離開後依舊保持聯繫。多數人不會做好做滿，恨不得趕緊離開舊巢，哪

管得著職務交接或正規離職流程，要退伍的人最大，任何人都擋不住這份決心。

第一天上工總是神采奕奕地踏入公司，離職前的最後一天卻總是黯然地關上門。人生有的是時間，明天開始投履歷，工作再找就有不是嗎？然而，要找到一份適合自己的好工作，真的如此簡單嗎？接下來，你可能會以更高的代價才有機會換得一份新工作。

自以為當老大瀟灑退場，得不償失的後果卻接踵而來

投遞履歷時，許多人都不太願意主動寫上推薦人，認為沒有必要或沒意義，卻導致許多面試機會從手中悄悄溜走。許多大型公司及品牌企業相當重視這個環節，在面試通過後會針對這些優秀人才聯繫履歷上的推薦人，人資部門進行最後一步的確認，如「和同仁的互動表現如何」、「履歷的正確性確認」、「主管的評價及建議」。這些是臨門一腳的加分題，甚至影響是否能被錄取。

當初那個耍老大姿態、忿恨離職，接下來等著你得很可能是揹上許多意料之

外的枷鎖。從投履歷到面試，可能前主管、老闆也不願為你擔保。別說要幫你美言幾句，甚至有可能為你的能力「反行銷」。不會做人、意氣用事，未來就可能只找得到讓你覺得勉強的工作，悲慼下場也只是剛好而已。

防人之心不可無，不是所有主管或老闆說的再見都是祝福

一位科技大廠的人資朋友，某天在進行應徵人員的背景調查時，打了一通電話給應徵者的前部門主管，想瞭解其個人品行，在應對上是否合宜以及工作上的危機處理能力。然而，令人匪夷所思的是，無論提出什麼問題，該部門主管始終語帶推遲。

「這不好說，不太方便講……」緊接著，話筒安靜，沒有後續。

「嗯，或許要再多觀察！不太清楚。」緊接著，話筒安靜，沒有後續。

「也許可以更好，看看未來的發展性……」緊接著，話筒安靜，沒有後續。

一通電話的殺傷力到底有多大，無關應徵者的能力及人品，看到這樣的情況

發生，你想這位應徵者還有辦法得到這份新工作嗎？還可以脫胎換骨離開舊東家嗎？當然是難上加難！

後來，這位人資朋友透過好幾層關係問到應徵者在該公司的前同事，打聽到的結果是：這位已經待了十四年的部門主管和下屬們的關係始終消極，也不願為想要高就的人美言推薦；對於自己的工作及未來走不開也使不上力。就算下面的人找到好去處，也只以敵意相對，甚至不安好心！職涯上那些可圈可點的存在，會做事只是基本，但會不會做人更是關鍵。

新工作再找容易，真正難的其實是「離職」

職場是一條披荊斬棘的路，任何人都可能碰到一些妖魔鬼怪。在遇見一些善人及貴人前，你也肯定碰過惡主管及慣老闆，也沒有人可以斷定往後再也沒有惡人的考驗，但於離職之際，流程及禮儀務必做好做滿，做到完美退場已是不可能的神話，但盡可能別留下爛攤子及壞名聲。

多數的工作者，處心積慮渴望得到新工作，卻容易馬虎忘記一開始的起點，擺起架子當起「離職才是老大」的姿態，這樣的不智之舉最容易讓人踢到鐵板，若一心望著想得到的工作，卻不想好好收拾舊攤子，就會功虧一簣。要讓前公司在人前說幾句好話，離職前夕的禮貌及本職不能隨便，「責任心」是鋪上好路的加分印象。

離職前「好聚好散」要把戲做足，在這裡有二個建議提醒你：

●離職前，與公司的人資部門打好關係

沒人敢保證未來的劇情會如何接下去，新公司肯定會打聽你過往的為人處事。若與前公司人資部門保持友好關係，無把柄、不交惡，就能為良好印象再加上幾分。至於，在推薦人的名單上若能有絕對把握地寫上前公司的人資同仁，更是強力的背書；當然，推薦人的人數至少寫上三位，較為適合妥貼。

●專業相關的推薦人，第一時間清楚工作優勢

好工作若總是擦身飛過，越找越挫折，無法順利錄取的成因，有時很可能出

在推薦人身上。許多新公司在為應徵者背景調查時，始終會條列問及「本科專業」、「執行能力與危機處理的反應」、「與同儕間的分工，團體合作工作時情緒管理是否平穩」等問題。找一個懂你專業水準的人背書，讓自己的優勢更明顯，才能著實地提升自己的工作價值，毫無關聯的舊同事、親朋好友其實並無法具體說出工作上有價值的好話。

能力再優、專業超強，職場上的關係都得有「距離感」，太遠或太近都不合宜，維繫恰到好處的相處距離，剛好的近是友好相待，剛好的遠是明哲保身，留點名聲給人去探聽。

9. 別鬧了！私下交情不能當作工作上的談判籌碼

「你有尊重我嗎？你是哪根蔥，竟然這樣做出決定！」這是一位上司對於下屬的日常訓話。

「我們是朋友，難道不能多擔待嗎？無論如何，今晚加班也要做完。」這來自一位老闆，在同仁們下班前的嚴厲訓斥。

以上這兩段話，顯現這樣的關係不僅僅只是「職場共事」，甚至多了朋友間的「要求」。細想，在職場工作，如果雙方關係有多重身分，在溝通抑或要求分配職務，發號司令的主管肯定是一個頭兩個大，卡了私下情誼的交情，又無法施展秉公處理的權威。這種情況，小至影響同儕間溝通及禮儀進退，大至延宕工作效率及執行力。公私不分，每個人做起事來都煎熬難行。

新人搞失蹤、不爽走人，其實都有跡可循

我有位朋友是傳統產業的老大哥，前陣子與我見面提到一件事情，他搖搖頭對我說：「小老弟啊，你也是歷練有素的高階主管，是否曾遇過員工難帶的困境？公司的年輕新人都能當我孩子了，我常與他們搏感情、當朋友，但後來有問題就都是我這主管的錯，不高興就離職。」老大哥語畢無奈地看著我，我給他幾個建議。以「職場交友博交情、當作朋友來溝通」過了頭也只是變相的情感勒索，以下兩種人別用「動之以情」管理：

●嬌生慣養罵不起的公主或王子

無論你多好說話、耐心溝通，這種人往往覺得自己來上班只是「純粹打卡」，不想有額外的壓力及責任，遇到突發事情或被質疑時，馬上逃避躲起來。不爽就走人，認為離職乃天經地義，再換就有。實際上，這種狀況對一家公司是內耗，也是惡習風氣的養成，考驗著人資及面試官的看人功力。

●厭世帶風向的憤青

有些人難以接受他人建議，思想偏激、情緒化、極端不順眼，對於公司政策及主管的安排，都無法讓他們欣然接受，要與他平和討論根本是件難事。工作之餘，他也不想與同事們有其他合作與交流，獨來獨往地的個性也成為有距離的隱形人。這種人突然說不幹就不幹，離職仍有許些爛攤子待收拾，甚至對公司多有消極批評。

觀念停滯不前，保證不會有新血敢來報到

遇到觀念還停滯在過去的老主管，面試的提問多半還停留於「週末可以配合加班嗎？」「平日都願意加班嗎？」、「有做三年以上的工作嗎？」等。除了很愛替年輕人貼標籤、打分數外，認為只要是年輕人就是欠操不積極、對未來無遠大志向、孩子般任性無知、對工作肯定無向心忠誠。任何一位優秀又有能力的求職者，聽到這句話必定打退堂鼓，但往往這種無法與日俱進的主管毫未察覺不妙之處。帶著舊有的偏見，老主管帶著情緒抱怨世道不佳、抱怨年輕人不長進，實際上遲早要面臨人才腰斬的斷層危機。

薪水低又不早點下班，加班是變相的降薪

時代的趨勢年年不同，身為資深前輩及公司核心主管更要認清事實，不再以過往的觀念管理，以「一視同仁」來管理現下的年輕人才極為危險。活到老，也

得要有學到老的年輕心態，管理的觀念也要適時轉換，才能應對不同世代。

過去在某個公司任職時，有一個男性主管的老婆臨盆在即，他為了證明自己是一位勤奮工作、堅守職責的主管表率，他加班至凌晨三點多才下班去醫院看老婆及剛出生的兒子。只是，就算要證明自己是一位不可多得的主管，這樣的作風卻難以令人正面看待，老婆只有你一個丈夫能仰賴，但一間有穩健體質的公司，總有人能代理。說這是為了證明自己愛公司的忠誠之心，難以說服他人。

工作與生活絕對沒有平衡，而是要取捨才可獲得相對的自由。任何人都想要兩者兼顧，但實際上生活才是至關重要的第一位，需要經營生活上的種種關係，不能是全心奉獻於工作，否則只會兩者兼輸。公司如有突然的需求或事務，或許就有加班協助的必要，但若是沒必要，就不要無薪且無止盡地延長工時，這並非認真付出的工作表現。現今的薪資已不比二、三十年前，一人多工是趨勢，許多人的工作甚至永遠都做不完。或許任職者該衡量這樣的工作型態是不是對自己是不健康的工作職務，事項太多、太滿、太繁瑣，反而影響專業工作上的效能，是雇主該為你增加分工的夥伴，而非遇缺不補、不漲薪。

當年輕人變成了資深的老人，換了身分也換了思維，自然也會拿著年輕時那群老人的批評說教來相待，傳承下去並非傳統，而是消極的罪惡輪迴。長遠來看，無論是品牌還是老牌企業，頂多惡性循環，要有長進更貼近市場趨勢，看來也只是心口不一、原地踏步。想要有所長進很簡單，首先就別拿「犧牲奉獻、全心全意」這類舊觀念來威脅年輕人才，而是要更接地氣，接應世代差異，才是不二作法。

10.「情理法」還是「法理情」？情感勒索，終究會綁到自己

人們總會歷經病老階段，你是否該向公司提出辭呈，回家照顧需要照料的家人？但選擇離開工作後，要照顧多久？只有我一個人要照顧父母嗎？中間不工作、沒有收入，這個狀態要持續多久？直燒老本又可以撐多少時間？捨棄工作或另就安排，都是重大的抉擇，好壞參半，又該怎麼做是好的。

Amy 是我一位投身醫界的好友，當她工作四年時，父親因糖尿病併發中風，

她於是向公司辭職，全心全意照顧父親。身為好友，我們認為她非常孝順，而她的孝心可能感動上蒼，父親越活越健康，身體也更加硬朗。按時吃藥回診，已十一個年頭過去了，現今三十七歲的她打算回到醫院工作，卻被嫌棄年紀太大、技術能力不足，薪資和年齡不成正比，一路跌跌撞撞地求職。她無奈地陷入自我懷疑，思考起初照顧父親的決定是否錯誤，不僅目前身上沒有存款，而同儕朋友也怕她借錢而沒有意願往來。我自己同步「換位思考」，如果我是 Amy 的話，我的決定將會是什麼？

當雙親生病或罹患需要長期照料的重症，多數人會選擇安排入院及就醫，規畫後續的照顧事宜。然而，社會中的低薪族、弱勢家庭會因此中斷收入，甚至無法負擔診治費用及療養機構的日常開銷。對於經濟弱勢，他們更怕生病，一生病就得面臨經濟上的無底洞，卻也不知何時能結束這惡夢般的日子。

說不上來的情感勒索，無奈也沒轍：理性分析，找出因果問題

「孝順」是種道德綁架，傳統認知「孝」就得順從、聽話、不忤逆，一旦違背雙親的心意，你就是不孝順、不聽話的逆子逆女。事實上，並非要與雙親唱反調、對立抗爭，而是「孝順」的方式，對每位子女而言，不是每一種情境都要使命必達。面對人生漫漫路，能走上一輩子的只有自己，自己的雙親、子女都無法和你從頭走到尾，但雙方所能做到的，就是讓自身的個人旅程安穩走好，誰都別虧欠誰，照顧好自己的健康，減少上一代附加於下一代的壓力。

所謂幸福美滿的家庭，就是安然過好每個日子，甜蜜就是彼此都不成為誰的負擔。工作是用來保全我們要的生活，所以仍為重要，每一種關係都不該讓你全然放棄自己的人生，這想必也不是雙親想要在你身上看見的答案。

●你沒工作又沒收入的日子，可以撐多久？

空窗時間只會越來越長，沒有任何收入進帳，年紀越大越難找工作，就業價值逐年銳減，很有可能脫離市場競爭及收入不成正比，長期失業的提早來報到。

●替別人著想，那你的存款如何填補回來？

存款是自己的老本，也是得實際「為自己」負責經濟自由的開端，沒有錢，將如何補回？又要花多久時間補回？當自己身上沒有錢，別人並不會憐憫在乎你的理由，而是只會責備你：「你為什麼沒有存錢？」

●時間，會一天一天消磨彼此相處的耐心

每日不離身的照顧，考驗的不只是子女們的孝心，還有長期下來的耐心。

原生家庭的關係固然重要，但實際要過日子更是你自己

我不時提醒身旁不愛惜健康的朋友，身體是自己的，有些債最終得還。年紀漸長，年輕時的生活及飲食習慣都會反映在身體的素質，健康的日子是體驗，不健康的日子不過是考驗。如果生病了，身旁家人的心力及經濟都會面臨崩潰，甚至斷送收入來源。人生驟變，正是要認清自己有多少能耐的關鍵。

●拿情感勒索綁住應盡完的孝順

孝順不再只是事事順應父母，這才是子女所盡的「孝道」。事實上，「孝」並非是辭去工作、放棄人生，全心照顧生病或年長的父母，而「順」也並非是子女事事都盲目聽從。入世的孝順表現下，是父母和子女之間有軟柔的對應關係，子女無需有內疚、罪惡感，而父母也不該以情感勒索作為枷鎖。有必要的話，適當地放手讓專業的醫療單位或服務機構去代勞，更為輕鬆、放心的你，只要陪伴，父母值得舒適過不掛心的日子。

●父母見到我們就會開心，其實未必！

作為子女，每天獨自照顧及打理父母，若無其他生活重心，長時間下來很有可能由愛生恨、怨嘆父母。適度地求救、尋找後援。無論是何種關係，長期的單方面付出只會產生怨懟，在死胡同裡打轉。孝道，不必要你寫下「孝心感動天」的故事，也不需要你一味犧牲自己的人生。

每個人得為自己的這輩子負責。年紀越大，得要負起自己健康上的責任，而這並非是伴侶的責任，也不是子女的應盡義務。任何人都不該利用生病的狀態威脅子女，能綁在身邊使喚、相處的家人，由正向關係所促成，而非言語上的威脅或利用。換位思考，反觀青年、中年的我們，也該學著自律，學著在生活中自理，不過度依賴別人，才能為自己的下半輩子負責。

11. 履歷推薦誰敢幫自己擔保？與其找人擔保，不如先好好做人

Alan是我在一個飯局上認識的廠商，三不五時喝咖啡閒聊，彼此交流投資上的心得。有一天，他提及想換工作，希望我成為履歷上的推薦人，好讓新東家調查背景時為他美言幾句，並照著他的期待回覆。此刻，我發現事有蹊蹺，說不上哪裡奇怪。

這一年來，都已換了四份工作了，卻沒有人願意當他的推薦人。他想要身旁

好友願意為他引薦好工作，卻是以交情兌現。上一秒才自信爆棚地一一細數自己豐富的工作經驗，下一秒又大肆埋怨他的本命年如此事事不順：兩次被公司資遣、一次被下屬出賣，而另一次則是自己不適任該職位。他寅吃卯糧，刷爆信用卡也得讓過得風光，絕不能讓人瞧不起。

我問他有是否有打開並更新履歷表、聯繫熟識的獵人頭或單位，他卻認為朋友轉介的工作機會更佳，因為朋友是他最好的擔保人，得好好利用平時積累的好交情。他深信下一份好工作隨時都會來到，卻不明自己如此吃定朋友的作法，找不到工作也只是剛好而已。任何人都不能為誰的人生或工作掛保證，品德習性皆反映自己的言行，工作態度及能力也展現在工作成就上，這種事絕對是一翻兩瞪眼。

尚且，「好工作」的定義並無標準判斷，每個人評比角度不同，消極的人無論在什麼地方工作，都會消極地選擇將焦點放在不夠滿意、不盡理想之處，始終無法直視自身問題，做一行怨一行，工作在他眼裡也只會越換越爛。看待事物的角度，往往也決定你個人的高度，甚至是薪酬水準。

論江湖道義，朋友多不見得每個都會「必須」挺你到底

工作一路上伴隨遇到的人事物，成就今天的養分及視野，過程遇到的人肯定是多到不行，什麼樣的人適合自己、觀念嘗試溝通就是不對盤、場合不同朋友定義標籤也不一樣。於是，每個人有自己的考量及利益評估，只要有任何侵犯到「現實、權力、金錢」時，平日不說話或不吭聲的人，頓時都會錙銖必較、咄咄逼人，害怕絲毫自己是「被害者」、「最後才被通知」。

遇到困窘，通常一牽扯到「利益」，多數伸出援手的人，大多並非你所認知的好友，而是職場上交情一般的普通朋友，原因就是因為「有機可乘」。放長線、釣大魚，任何人都不知道接下來會有什麼契機，算準的終究是「人情償難還」。江湖上的道義，計算毫無公式，錢能解決的問題都算不上是問題，但情感的一來一往，歸還並非一時半刻能處理完。一旦涉及金錢及利益，你算不到的是難以掌握的人性。

先有名，才有利：不賠上未來，留點名聲給人去打聽

同溫層總是小得可怕，無論遇到無良的主管還是慣老闆，都應該認清一個事實，他就是付薪水的人。儘管一份工作不開心或委屈滿載，都得做好做滿地盡好本分，不需正面直球對決。許多耐不住性子的人，抱持「小蝦米始終會戰勝大鯨魚」的心態來對抗職場惡勢力，批評公司處置不公、槓上主管。花太多時間對付老東家的不平等待遇，恐怕只是浪費時間，甚至斷送大好前程。血氣方剛的年輕人最容易在這種地方卡關，為了爭一口所謂的平等，老東家會拿何種方式反噬，是料想不到的。以下是你真正該注意的關鍵重點：

● 拿走該拿的，其餘就當作打怪學經驗

準備離開舊公司換工作，最後薪酬及交接務必清楚點清，不要留下任何被舊公司回頭將一軍的機會。當然，好言道別很重要，任何人都不知道彼此未來的發展，幾年後事業上的峰迴路轉，難保又再次碰頭。你可以感到委屈，但你也能選

擇面對往後的新生活，過去的陰霾不需要影響新工作的開展。

有問題的公司，沒問題的人才

留不住人、賞罰不公、升遷進度慢，大多是因為公司不健康的體制、嚴重的官僚制度，導致有創意想法的年輕新血留不住，造成公司組織的斷層，資深老員工的比例高居不下，新人入職不到試用期就嚇跑。若遇到這種沒有前進動力的公司，趕緊離開才是明智之舉。不是你不夠好，可能是你太好，招人嫉妒。而這種不對的公司只會內耗你的能量，別談什麼未來，這裡可能讓你每個當下好好做事都有困難。

最佳推薦人：曾經共事過、清楚你的優勢的同事們

許多企業複查履歷上的推薦人，多數都會以「關係」評斷履歷的可信度，而接下來針對背景調查又該如何技巧地提問。一般而言，前部門主管、前公司任一

同事及公司老闆，往往比「朋友」的角色更為加分，增加這份履歷表的誠信度。詢問曾共事的相關人士，透過旁敲側擊的方向就能立即瞭解你在工作上的表現、團體相處的應對態度。假設你與你的推薦人毫無工作上的交集，人資就算面對一份不能更優秀出色的履歷，也會心生質疑，甚至對於你的經歷毫無加分作用。你這個人再好，也得讓適合的人一一細數、正面表述，不要忽略了這個錄取關鍵，誤踩求職地雷。

Part 2

拾

30不委屈，氣場強韌的人不怕暗箭襲來

1. 主管要放下微觀管理，員工先練就向上管理

我們都曾碰過這樣的人：每天朝夕相處，前一分鐘溫柔說話、百般呵護，下一分鐘卻口飆髒話，把你的人生數落得遍體鱗傷。上一分鐘如沐春風的溫情感動，還沒讓你調回現實的頻道，如今卻得要接受一陣磅礡大雨，洗臉洗到你無地自容。

這般瘋癲的未爆彈，都可能曾經是諸位的某位主管或老闆，「說話直接」成了他們「情緒化」或「低情商」的說法。只要他們生氣都是「為員工好」，大家

得多加體恤；情緒不佳只是恰好短暫的理智斷線，不要太過計較。

「換位思考」不是要自己忍耐他人的惡劣脾氣，當旁人的情緒化要我們默默接受，再好的職涯經歷也禁不起折磨而讓你變得洩氣。

拒絕情緒多變的脾氣，拒絕曖昧不明的指令

這類主管或老闆大多是以「先打罵，後摸頭」當成組織管理的最高法則。以掌握大局為藉口，干涉細瑣的芝麻綠豆小事也是必然，沒有什麼事能逃過他們的法眼，管理在他們眼中代表著「控制」。唱反調的壞孩子只得受處罰，不同陣線的人就是他國的臣民，是和自己作對的敵人。

長時間下來，我們都知道對這類的主管或老闆，無論是任性或情緒多變，或許能做的，就只是順著毛摸。忍氣吞聲的時間一長，「憑什麼」的不平衡心態便會一一浮現。工作場域上，同事若也同時被貼上「朋友」的標籤，若稍有不察，關係就會建構在「控制」二字，底細被共事的控制狂全盤掌控。面對這種病態的

職場相處，你可以直球對決：

- **拒絕灰色、模稜兩可的回應**：再三確認上位者的決定，若接受曖昧不明的說法，後續出問題也得算在你頭上。
- **拉開公私分明的關係軸**：上班只談公事，職場上減少個人情感的私密交流，過了頭的掏心掏肺只會造成彼此壓力及負擔。
- **多人在場，減少死無對證的無效溝通**：溝通程序中有他人在場，有筆記及會議紀錄存證。

老人起手式：現在的年輕人都過得爽、無煩惱

上了年紀或在同單位久待的資深老鳥，最愛批評謾罵後進或菜鳥，說他們難教導又難溝通，以「一代不如一代」的陳腐語言來抱怨並討拍，但也不過是「年資」上的無謂驕傲。想當初，老鳥不都年輕過嗎？老一輩的批判只是指桑罵槐的小心眼，不讓新人出頭天的心態，往往只是害怕他們青出於藍，顯得自己差勁，

那都只是沒有自信的潛意識作祟。

每個時代都一樣，老鳥被嫌太驕傲，菜鳥被說很傲嬌。然而，每個時代都有不一樣的風氣，可能是市場趨勢與專業需求。資深主管及老闆們，務必得放下過往被教導的教條及不合理規則，高高在上就難以在同個頻率上對話，驕傲自大只會限制自己看待世事的視野。

持續學習，活到老也學到老，與年輕世代溝通，甚至學習，聽聽他們新語言中的語彙，你會有意外的收獲。年輕難免衝動魯莽，能輔佐他們少走點冤枉路，老鳥才資深得有價值。時間淬鍊我們成為穩重成熟的大人，要我們不再輕浮粗心，也學會不再浪費時間。一代不會不如一代，跌倒及挫折再所難免，但只要不阻饒成長中的年輕人，給他們一些職涯叮嚀，資深的我們也能良善地交棒更多人才。

老鳥不驕傲，菜鳥不傲嬌，信任放手就能向前邁進

許多主管或老闆深怕接手或管理自己帝國疆土的，不是「自己人」。畢竟，

要經歷自己的認同、考驗，才能納入黨派中成為生力軍，也得藉著時間來證明。

有一次，我接受某個編輯主管專訪，她表示：「現在當主管的人，要花許多年才能栽培自己可信任的團隊下屬，但玻璃心的爛草莓及月光族個個都碰不得，一碰就心碎，隔天就不進公司！對我們這些主管或老闆不太公平，心累！」她八成認定我會一同批判，但我微笑回應著：「當我二十五、六歲時，主管也曾罵過我是沒擔當的爛草莓，說我太多想法，只想推翻傳統。」

年輕、不經世事，接收了種種指教及批判，久了也有自知之明。現在的我身為主管、一個品牌的主理人，我反倒建議資深的老人們，少點不信任的主觀意識，多探索他們疑問背後的動機。愛說大道理的老人們，別忘記你年輕也做過蠢事，你也曾不被看好、不被尊重。想要成就一個部門、一家公司往前邁向市場、求新求進步，得先信任地放手，以新的思維及心態溝通，才有機會發現新世代下的新大陸。要建議正向的工作氣氛，就要從主管、老闆們開始做起，讓就業市場的生態更為友好、健康。

2. 加乘自我價值，讓額外的斜槓收入積累財富

離職原因百百種，無論是過程如何受傷、何等煎熬，大多綁著三種情結：

- **認定薪酬及付出不成正比，看不到加薪的希望。**
- **長期欠缺成就感、工作上的熱情消逝。**
- **與主管或老闆頻率不對、默契不合，而你（當然）是受委屈的一方。**

在疫情期間，我們更能深刻認知，無論是換工作、改變收入狀態，都是一種煎熬及考驗。好友 Lisa 三十二歲，是一位朝九晚六的上班族。公司最近要求她配合新政策，要跨部門支援外，「順便」頂替離職員工的職責，老闆盼求全體員工體恤公司遇缺不補的立場，要大家一同撐過疫情。

然而，她卻萌生離職的衝動。眼看帳戶金額毫無動靜，每月要支出大筆置裝費及娛樂費，五萬六領了四年半卻從未加薪，薪資一人份但工作量四人份，去開會時要代替主管職位，出包時自己卻只是扛責的小妹。就算她氣不過時要走進主管辦公室，現實卻猛然地來襲：

- **嘴上嫌五萬六太少，付出不成正比，她很敢講。**
- **嘴上說需要五萬六，心裡怕找不到符合自己能耐和能力的工作，卻不敢講。**

日復一日埋頭苦幹，受盡委屈無法訴苦，薪酬無法滿足自己的消沉，那就請你投出履歷或尋求獵頭來評斷你的「職場身價」。如此一來，便能真正知曉自己是內心劇場演太大，或工作量和薪酬不成正比，履歷表就是一面照妖鏡，看看是你比較需要公司來撐自己，或公司需要你來撐腰。

收入總想有錢留著，工作就請先認清職場身價、錢到底跑去哪了？

若覺得存不到錢，認定換了工作就能穩定提高收入，在評估能力的整體表現時，履歷就能給你客觀回應，得知有幾間公司想邀你面試；有多少人資有意願閱覽你的履歷表；又有什麼公司願意給你比目前更高的薪酬。真實、粗暴卻又實在的答案在眼前，你能立馬認清自己的職場身價。

此外，確知自己的職場身價，若遠遠不如自己內心想像，即便事實如此，卻也能踏實面對接下來的職涯，看是否就摸摸鼻子乖乖回去上班，重新擬定每月開銷、減少不必要的多餘支出（特別是置裝費、娛樂費）。想存下額外的收入，第一，你得先搞清楚如何「減少花費」，第二再來談「開源」。然而「開源」時，也同時節流，這絕對需要有技巧的計畫去一一落實，若不改變支出習慣，月領二十萬，甚至換了十個工作，花錢如流水也無法為過度消費止血。

白天收入持續穩定，私下盡快找出額外進帳的斜槓技能

眼下的疫情，讓大家認清職涯市場的兩個新關鍵：

- **工作及職場動態，持續變化中。**
- **找到自己的斜槓專才，額外開源更有機會。**

當雞蛋不再放於同個籃子內，就能避開絕對的風險，如突然其來的裁員、公司撐不過資金周轉的困境而倒閉、組織遇缺不補，最常見的是公司少賺錢就也不為你加薪了。

有些人認定工作得一次到位，直到退休，這般忠誠之心卻未曾沒料到公司已撐不過幾個月。有危機意識的公司，當然會大刀闊斧聘請外部優秀人才進行最後整頓，順便拔除內部毫無價值、表現停滯的員工，被資遣逼退也只是預料中之事。

提早做好職涯轉換的預備心態，工作形態並非永不變化。當市場局勢起了改變，見招拆招、讓收入不影響生活才是重點。至於，面對離職一事也不必患得患失，透過斜槓工作的支配安排，生活重心也有另一種踏實的可能。不自我設限，才能讓自己成為有彈性、有機緣的人。

同樣都是想太多，也要有錢賺，才是真正本事

有著閒錢的人找夢想，即便跌倒也不會吃虧。然而，上班時仍要找夢想，想破頭、折斷腰，頂多也是為老闆實現夢想，終究什麼成就也不屬於你的。每晚輾轉難眠思考如何存到第一桶金、稱羨身旁好友的成就、同事成功斜槓，不如將關注力拉回自己身上，積極完成自己人生的關鍵排程，過度思考不如就趁下班及週末為自己努力！

朋友小偉天生個性內向，正職為大公司的企畫專員，私下斜槓身分是個網紅咖啡師，分享咖啡知識，學生多是社區的銀髮族媽媽及年輕大學生們，短短半年

讓大家學會當個咖啡達人，就讓他成就滿滿。一年內，他不僅多了十幾萬元的收入，更被尊稱為「老師」的小小成就，也讓他得到許多快樂，斜槓的興趣讓他著實找到自信及新人生。

你身處的產業外，若能將閒暇時間投資於興趣，是所有上班族值得學習、發展的作法。多數的我們都是朝九晚六的上班族，工作之餘若能釐清生活背後的意義，就不會虧待自己的人生，還能進一步找到價值。當人生開始有了目標，日子自然有了重心，一切委屈就能迎刃而解；上班開心，下班也愉悅，兩者兼具不也是很棒的人生。有了額外收入進帳，生活還會苦笑埋怨嗎？

3. 嫉妒是永遠的導火線！你過得比我差，我也就放心了？

人生總會經歷過幾場對戰，寫滿了出賣與背叛。只要是人，難免存在不同面相的自己，無論是好是壞，皆是人性。欺壓別人或表現自我，往往處於一線之隔，在職場當中，若論及升遷、獎金、甚至加薪，更是一場爭鋒相對的無煙戰場。

職場上的嫉妒足以毀滅一個人過往的努力，讓一個好員工變成一個小人。而適切的較勁，能讓原地踏步、平庸的你，得到前進的積極助力，更有效率地發揮出意想不到的潛能。這是一翻兩瞪眼的轉念，你可以使壞、作繭自縛，卻也能水到渠成地成就自己。我們都有辦法自己操控人生，換個維度來思考，往往就能走向利己又利人的康莊大道，你不必非要一個人行進。

最毒不過親密關係中的「衝康」

小王與小李是同個部門的同事，平常相處融洽、稱兄道弟互助幫忙。小李一向業績都很好，小王表現一般般，但接物處事親力親為，同事們隨口說的「王總早、王總好」，讓小李聽得很不是滋味。正當部門要推舉一位主管職時，小王成為老闆內定的人選，小李則是落敗喪氣。小王謙虛地向老闆建議，小李其實更適合勝任主管。但另一方面，小李私下卻對老闆表示小王為人不檢點，甚至有對廠商收回扣的嫌疑。一連串無中生有、捕風捉影的說詞，讓老闆驚察，小李自始至終就不希望小王當上主管，甚至想擊垮小王。不到半年，整間公司便謠傳著小王人格瑕疵的傳聞，小王受不了人們質疑的眼光及毀謗，最終自行辭去工作。

嫉妒，最容易出現於親密關係中，特別是好友閨密、好同事、好同學，甚至是家中的兄弟姊妹。起跑點一樣，日子一旦拉長拉遠檢視，現實就會將「優與劣」、「勝與敗」寫在關係中。延伸的狀況劇是，從小我們受到的教育是不妒忌他人、學會欣賞別人的優點，而不希望別人好的這種心態不可取，但無法打從心底祝福、欣賞的人，只得假裝表態「你值得擁有的」風度。殊不知，言行之間的「口是心非」已在在顯現了妒恨之意，成了不成熟的本能反應。

讓嫉妒轉個方向，誠實檢視自己的弱點、輸在哪裡

現實生活當中，嫉妒藏匿於各種較勁。和他人比較、面對他人的成功，那讓你感到煎熬、無地自容的憤恨便是「嫉妒」。然而，在冷靜沉著的檢視後，你看見的是自身不足的缺點，反而這一切都不能再阻饒你前進，答案如此清明地攤開在你眼前。認清也誠實接受事實，將嫉妒的情緒導向正面思考，進行良性競爭。

換言之，「稱羨」可以變成「景仰」，也可能會變成「妒忌」，要是將景仰

變成自己進步的目標，態度自然能積極向上，原地埋怨沒有必要，憤恨不公也只是消耗自己的情緒。因此，當自己內心無緣由產生過意不去之情時，不要忽略自己的情緒，請深刻去瞭解、聆聽心中產生這種感覺的原因，而非讓情緒占上風，成為控制你的主人，這也是成熟的職場成年人該有的素質。能借力使力去顛覆負面思維，戰勝後便是柳暗花明的成就。

歷經職場及生活的淬鍊，許多自己內心的「競爭」大多是和自己過不去。過了三十歲，得要好好整頓自身的心理素質，有定力才能理性消化負面情緒。

定力、心理素養不足，最容易被嫉妒綁架

當心理素質不成熟、看事情的觀點過於絕對，內心的「比較」就會轉化為「較勁」。若太渴望得到某樣有價值性的事物、雙方彼此客觀條件、背景及環境類似，有些主觀的個人意識、刻板印象就會讓人斷定自己最有資格擁有或取得優勢，如同以下三點：

●**上天實在太不公平，他憑什麼是第一名**：事實上，我們沒看見他人的付出，而輕易地斷定對方只是純粹運氣好，不是能力好。

●**在意同層級的職銜高升，卻不會在意下屬**：不在同一個水準上的比較，並不會造成威脅。

●**不理智的主觀意識**：現實生活中，不是每件事情必定順理成章，都是「應該會怎樣，所以會怎樣」。那麼，當「理所當然」主觀意識過重，意外發生時，第一時間多數是「怨懟、埋怨」卻不會思考問題發生的背後原因為何。

成功的人，不見得高尚到不會有嫉妒之情，但可以肯定的是，小心眼地羨慕其他人擁有的天賦，卻不想精進自身的才能，只算得上是不知反省的嫉妒，進而妨礙未來有可能的成功。不求表面上若無其事，但如果可以抱有適當、適量的嫉妒，其實是最直接提升功力、勇氣向前的能量，藉此砥礪向前，方可成為人上人並獲得掌聲。

4. 主詞搞清楚，別糾結於老闆不幫你完成「夢想」

起床張開眼睛就想請假，叫醒自己的並非夢想，而是工作賺錢、還卡債房租的提醒。薪水存不到幾百塊，左思右想，夢想什麼時候才可以成真、財富自由只能說說。多數上班族有兩個迷思：第一個，總認為上班工作是從職務中找到夢想，有朝一日可以帶領團隊打仗的夢幻領導；第二個，總認為上班領死薪水最終也能財富自由，精采過上好人生。

事實上，你每天來公司工作，你也只是幫老闆圓他的夢，和你自己的夢想一點干係也沒有。你甚至算不上他生命中的過客，只是以金錢換算工時的勞動者。當你搞不釐清上班背後的意義，一旦周遭有任何風吹草動、委屈苦楚，就想用離職換工作的理由讓自己任性一回，殊不知在沒有認真規畫職涯的情況下，只單純建立在賭氣，長時間來看是浪費時間，高不成也低不就，還在糾結老闆有沒有善待自己，到頭來白忙一場，距離自己一心想要的理想生活更遠。

為了先拿到第一桶金，我的朋友Coco在三十歲那年放棄外資銀行主管的職位，選擇先實踐夢想、尋找生活感，於是選擇去加拿大打工留學兩年。然而，當她回來台灣找工作時，心態及視野全然改變。她一方面要面對相對較低的薪資及工作上的適應不良，一方面也習慣加拿大那種工作及文化日常，深覺自己絕不加班，當工作的奴隸。三十二、三歲的她受不了台灣職場的長工時、主管的重擔壓力、看不完的數字及營業額，厭世感十足。

「享受過國外的夢想生活，真的很難接受台灣的傳統思維及職場上的守舊制度。」她直搖頭，感嘆不該再回台灣。認定台灣職場虧欠自己，她怨懟持續掛在嘴邊，少有時間思考邁向未來的腳步。最終，她抵不過那些心裡糾結的「水土不服」，不到半年也被老闆以「不適任」資遣。

夢想工作得自己推進，先布局才是倒吃甘蔗的作法

一份工作薪資優渥，欠缺成就及熱情，遲早都會感到痛苦，因為高薪是短暫的，成就感會陪你更久一些。但是，若工作剛開始起薪不高，但令人滿滿自信並越做越開心，肯定能找到其中奧妙及熱誠，由職員變成主管的年資也踏實，興趣支撐夢想，夢想轉化為理想。一路上少了猶豫不決的不安、焦慮，踏實的步伐，讓職涯越走越順遂、薪酬的漲幅也等值正比的成長。

從離開校園至三十三歲前，必須精心規畫八至十年的黃金工作區間，其中包括工作的預計時間、產業類別、職銜職稱、經驗值如何累加。過了三十三歲後，就能大膽選擇個人專業擅長且有興趣的公司，找不過於費力、可全然發揮的職務，薪酬也該由低薪轉高薪（或是月薪轉年薪計算），以自己最有條件的資歷來踏實

邁向夢想的工作。這一切，都得早早布局且定位，也代表著及早斷捨不適合自己的事物。這些積累，並非老闆所給予的，而是自己提前辛勞地耕耘播種，所帶來先苦後甘的豐收回饋。

夢想：「夢」可能不是你所「想」的那樣

稱羨人們提著名牌包、全身滿滿行頭，動不動在各大社交平台上曬出遊照，究竟這些人做的是什麼工作？為何那些同年紀的人，總是有高過自己一大截的收入？工作難道都不辛苦、假期怎會這麼多？

正視三十歲以前黃金期的生涯安排，再怎麼嚮往開店當老闆、想要躺平先享受人生，卻會不知不覺中落入「短期近利」的陷阱：

● **眼高手低、胃口養大，毫無專業經歷卻拿國外薪酬相較當下**：尤其是打工留學族、出國找人生的新鮮人。

- **一切看心情、有感覺就創業**：咖啡廳、文創產業都好，認為能當老闆就是帥！無經驗創業，貸款借錢先圓夢者。
- **從工作中找人生夢想，從夢想中去幻想大富大貴要發生**：受到委屈就離職，沒安排好職涯階段的設定。

短暫獲得的一切美好，時間終究會為你帶來最徹底的檢視。在江湖上該還的要還，不踏實得到的報酬及小確幸，最終有可能拿專業及能力來犧牲。若想要眾人掌聲，也請先努力一波，要幸運之神的眷顧也得先踏實投入。

在最有本錢的年紀，做對的安排、想對的出路，認清自身的能力，未來才會越來越輕鬆、快活。

5. 那些年，慣主管們所說的那些職場「驚」句

不知道從何時開始，「加班」二字，變成審核新進員工的資質優劣、對於公司是否忠誠、年終績效的標準，甚至成為是否有機會成為下一個主管的憑據。但加班的背後，深藏了公司中值得詬病的制度及文化問題。就算員工有勞基法的保障，以時數報上薪資，但許多公司卻打著「責任制」來占盡員工便宜，先打卡下班仍得繼續工作。

過往身為工作狂的我也會扛著筆電回家，手機綁定私人及公司郵件信箱，後來身體及精神每況愈下，過了好一陣子渾渾噩噩的生活。現在的我，在下班時間的半小時內離開，放心得讓自己好好下班，讓我找回自己的靈魂、生活的步調，下班仍看見夕陽餘暉如沐春風，「爽」就是用來形容當下雀躍的心情。

下班後，「好好生活」正是你的工作。你可以好好吃頓晚餐，吃完飯也能追一部喜歡美劇，稍晚可以一邊做運動、一邊聽一張舒心的專輯；睡前，你可以放鬆地洗個澡、看一本書來培養睡意，和另一半講電話，然後安心地睡上一覺，肯定少有機會讓你焦慮或失眠。以前，這些生活日常根本一個也無法實現，每天只有無趣排程的四部曲：起床刷牙、工作開會、吃飯洗澡、睡覺失眠。

於是，當現代的年輕人用力、消極地罵加班這一件事，我何嘗不是刻苦銘心地感同身受？沒有什麼比「生活」更重要，我也明白大家想要爭取的是什麼，想要平反什麼。

「共體時艱，一同加班吧！」

被強迫加班，誰的臉色都會垮下來，只得向美好夜晚說再見。但是，一旦擺出了臭臉，打馬虎眼交差了事，事情肯定做不好，若主管上司還進一步要求「謹慎完美、品質第一」—真的就更令人吃不消。

無論負責什麼樣的職務，沒有員工會願意每天犧牲私人時間加班。我們也要認清一個事實：個人的生活品質、家庭及關係，永遠都勝過工作。然而，資方這端的主管老闆，更不該打著「責任制」來綁架員工的私人領域，甚至是人生。以升遷加薪、績效評估作為威脅，都不是正規或健康的公司文化。

沒有人喜歡加班。不加班的前提不是因為想擺爛、多報時數賺津貼、當起公司薪水小偷，而是人生不該只剩下工作，若生活只剩下證明工作能力多棒，只會讓人感到哀戚。工作的本意是以收入來支撐生活，讓自己及家人的生活品質可以更好，好的生活樣貌使人感到幸福與快樂，如果全盤投入工作，失去品質及快樂，你的人生還有什麼意思？甚至，你也只是工作機器人，無心地以齒輪運行著。

加班不是員工勤勉認真，是公司管理政策有問題

常態來看，離職率的高低，能以員工的加班頻率來觀察，甚至能檢視制度的完整度，及公司的遠程發展。另一方面，職員當然也會以這點來評估公司是否可以長期久待。加班成了最真實的數據，道出多數公司的內部管理問題、組織主管帶人方式的瑕疵，還是該企業現在及未來是否有最重要的資產——即一票願意全力支援公司的優異員工。事實上，沒有一間公司願意承認自己管理上有問題，若公司氣氛不佳，主管之間有私下的潛規則，歪風只會持續如此。

有趣地，公司面試官進行面試時問：「你願意配合責任制加班嗎？」你若是回答「願意」就會將錄取的機率提升至二〇%；若回答「不願意」或「可能無法配合」的話，哪怕你能力再好，被錄取的機率也微乎其微，因為你的加入可能就此破壞公司既有的「傳統」、老鳥的「文化」，這就是許多公司的詬病，怕你不配合加班，也進而影響其他無薪責任職的人，這是許多主管及老闆內心不敢說出的事實。

體質不健康的公司都有一種態度，總認為「榨乾用盡人才」就能帶來最高產值。反過來看，人才若被過度消耗，也端不出好菜為公司貢獻，無償為組織付出不再是選項，眼下只得離職。但員工也並非毫無選項，人才一旦死了心、被榨乾，無論是被拋棄或主動要離開，也只是讓制度更加腐化，減少更多值得的人才，這損失莫大。心死了，就沒有意願再付出，還能談什麼呢？

加班再加班，減去的只是健康

有些主管不時打著「共體時艱」、「公司要求」的名號，帶頭要下屬一起加班，殊不知許多問題並非在下屬身上，病灶就來自這些主管的謊言。假設，主管是三心二意的人，他作為主管得要知道底線，向上與老闆溝通清楚；客戶如果立場不明、回來拉扯，就得想辦法與客戶說明規則；供應商或工廠老是愛延遲，就要整合問題，明定賞罰；員工長期工作量暴增，就要請人資開職缺；若是有突如其來的專案進來，更該提早安排輕重緩急的順序，而非一切照單全收。

換句話說，若是基於公司制度產生的問題，根本不是下屬員工的管轄職務範圍，該協調問題的人是主管。要求加班再加班，減去的只是健康。工作永遠都不會有全部完成的時候，拉長時間來加班，只是讓下屬員工更慵懶厭世，而主管也沒做好該完成的本分。

身為主管，應該要好好協助員工，釐清工作重點，若是不明方向及工作方式，往往本身經驗和能力未到位的員工就難更難以達到主管所要求的標準了。慣性加班的職場傳統，其實更表明了一件事：「你的主管有管理上的問題」。

身為主管，要判斷下屬的職能並放到正確位置，面對共同的困難也有積極解決的耐心，並非不明事理地要下屬無薪奉獻時間及體力，而逃避自己的管理問題。主管們若想要留住人，要帶人、帶心，否則到頭來還是苦到自己，也造成對公司的無形傷害及內耗。想要當個好主管，將心比心才能帶好下屬，讓他們能為公司帶來適切的貢獻。

6. 愛和成功都需要勇氣，請甩去職場上演的內心戲

這個世界少了你，太陽依舊東昇西落，地球不繞著你打轉，現實生活中你仍得為五斗米折腰，消極及抱怨其實沒太大助益。

今年滿三十四歲的Tony，是我以前做精品產業的窗口，盡心嚴謹，與他共事總是放心。但是，交往了七年，Tony面臨被劈腿的窘境，每天照三餐向朋友、同事分享他的傷心故事。事情都已過了一年半，仍可以聽到他持續抱怨著自己如

何在交往時負擔所有開銷，包括為對方訂製的衣櫃、兩人的住處，篤定地說對女友這輩子再也找不到比他更優質的男人。

生活一切都不順，全世界都是你的內心戲

日復一日聽著他訴說的委屈，起先也覺得他可憐，但時間一久，也發現他認定的情感價值都建立在物質上的付出犧牲，而非甜蜜快樂的回憶。感情劃上休止符之後，最積極的作為就是好好說再見，沒必要看衰前任。若是不放過自己，糾結的情緒只會讓你原地踏步，未來的可能幸福也不會上門。

後來，沒想到前女友要結婚了，還真的找到比他更好的男人。他怨念更加深，咒罵她會離婚、生不出孩子。這幾年的他心情陰沉，看待事情的角度都負面不已，工作上總以「做不到」、「不可能」、「沒辦法」來作為推托，而他自己完全沒發現自己心態上的轉變。未能及時察知自己的情緒問題，他與上司溝通、和同仁們的部門會議，都無法平心靜氣進行。後續，老闆在人資考核中以「緊縮人力」

的說法開除他，而他卻渾然未覺問題何在，仍怨恨著公司、責怪前女友，上天何以對他不公。

針對這樣的人，另一半沒有你，單身日子過得更開心，下一段戀情也肯定更完滿。然而，工作團隊中沒有這種人，只會營運順遂、士氣高漲，交接你職位的同事不想比你更出色也很困難。多數的人都覺得自己獨一無二、難以被他人取代，離開環境或關係時，總是認定是對方的最大損失。你可以正向肯定自己存在的必要性，但也不必詛咒前東家沒有你就毫無展望，唱衰前任情人找不到比自己更好的情人。種種內心戲只是顯露自己小眼睛、小鼻子，讓自己有台階下，專注在自己需要努力的方向，努力地累積職場資歷。

小劇場不斷，詛咒公司倒閉、找不到好人才，結果呢……

就算有些公司讓人不看好，名聲及業績下降不起，問題也不會出自一個員工離職，大多可能是景氣不好、新市場浮現、顧客滿意度不再回購、營運出現疏失，絕不可能非核心職員可以定江山，看待成敗因一人而一時篤定。離開前東家後，Tony 依舊沒改變調整思維，來到新公司仍持續唱衰抱怨，說主管的本事還不如他，這麼優秀又多工的他值得加薪。

某天，Tony 發現某財經週刊報導前公司，不僅股價持續上漲，還是新興公司最有潛力的指標，一切事實都與他的預言背道而馳，對此他尷尬無比。他之後每份工作都做不到半年，每個新環境就有他水土不服、唉聲嘆氣的抱怨。他從大型的外資企業一路換到小型工作室的職位，薪酬、福利每況愈下，而他每個前公司都業績看漲，甚至上市上櫃，而後續接他職務的窗口，個個親切有禮又專業，樣樣都做得比他好。

打從心裡去放下，你好我也好，讓過往成為精采履歷

沉浸在無藥可救的情緒無底洞，只是反覆撕扯結痂的傷疤，餵養不必要的負面能量。你不必讓自己成為被害者，自艾自憐地面對人生、看待工作。放下及安

靜不祝福，是最高級的結束。面對前東家或前任情人，不如借力使力，盤點自己的優勢，也反省自己的缺失。讓過去成為現今的精采履歷，持續為自己加值，留點名聲讓人私下打聽。

「良禽擇木而棲，劣禽嫌巢而離」，你是哪一種？為自己想留下好口碑，也維繫未來的相關產業的合作彈性。所有事件皆是一體兩面的因果相對。情緒的當下，總有不解、難過，及挫敗，但在放下後，都將轉換為滋養的成長養分。新的開始，都是給自己有機會活得更好，有正向心態的人，日子與工作只會越換越滿意、越過越輕鬆，絕不會開口唱衰自己及未來。

7. 費力乖乖做筆記，不如保有思考的彈性

我曾在上海某間台資企業擔任過政府公關，換湯不換藥的傳統產業要精進成為陸資體質，中間必定經歷很長的陣痛期，要配合當地政策的實施、要內外制度的賞罰一致，也要努力讓不同背景的員工依同一套指示行事，讓公司流暢營運。

培訓講座上，每位外聘的專業講師的講座上，有七成員工不會認真注視講台上的授課講者，甚至進行實作內容時也沒人注目，大家低頭地大抄特抄、眼看即

將被板擦拭去的文字還要求講者先別擦，等他們抄完再講一課。這習慣若搬到職場實境，聽主管的交代及囑咐，單純只追求形式，但出了會議室後，這些筆記瞬間變成不會翻閱的廢紙，也欠缺融會貫通，加薪升遷怎可能輪到你呢？其實，什麼表現才能代表認真行事，許多人都劃錯了關鍵重點。

很會抄，卻做出令人匪夷所思的決定？

在學生時期，老師們灌輸我們要努力抓準時間抄筆記，任何人都深怕自己跟不老師的節奏，就怕自己輸起跑點，於是有了以下這些現象：

- **無法一心多用，只能鴨子聽雷，重點沒抓到而筆記也沒抄好。**
- **努力抄完筆記，離開教室後劃了自己的重點，而不是老師的重點。**

除此之外，很會抄寫不能證明什麼！回到職場工作後，若無法轉化為實際執行，這些筆記也不過是費時的白工。要改變工作上的瓶頸，只有做好以下三件事才會有推進的機會：

- **調整既有碰牆的堅持觀念**
- **立刻執行動作**
- **事後驗證是否真切符合**

許多人擅長花時間抄筆記、寫重點金句，但表現出努力學習的表面功夫，真的不足以讓你成為升遷、加薪的候選人。這些假動作不過是幻象，倒不如實質花上一些時間求進步。最後，你看到加薪、升遷的人卻是看來按部就班，卻不會靈活運用思維、一舉反三的乖孩子。懶惰深思問題背後的癥結點，時間一拉長來看，習慣用自己既有方式做事、無法接受新事物的變化及延伸，應付了事成了日常工作的態度。

你屬於賣勞力的人，還是賣腦力的人？

英國大學有項研究發現，多數蜜蜂會組織成群努力採花蜜、修補蜂巢的隊伍，每天重複同樣的日常工作；則另一部分少數蜜蜂會靜靜原地偵查，以防有外敵攻擊、其他不可控的變因干擾或破壞巢穴。同時，這種生物現象也適用於職場上的現象：有一種人擅長協調溝通做事，一個口令一個動作，今日事今日畢，不拖泥帶水、以服從指令為第一要務；另一種人，擅長是整頓思維，發現任何遠憂及問題，總會帶領團隊立即組織及決策改變，解決當下的危機，排除最棘手的傷害。

將這樣的比喻靈活套用在職場工作，公司結構肯定要有思維行動型的蜜蜂，負責大環境的趨勢，以自身能力來配合組織中的核心要務。兩種類型的人都重要，一個照本宣科做行事，一個靈活地觸類旁通，兩者各司其職，但而職場本來就是「不平等」，功成名就的往往是動腦的人，而輸出勞力的平庸之人只是輔佐的資源，當然薪酬福利有高低之分、不一的職等。

怕丟臉、出糗，於是就用抄筆記代表認真

職場工作上多的是說「好」、「明白」、「沒問題」這類客套的回應，有許多人困惑不已卻但基於面子不敢勇敢舉手發問，也擔心自己問錯問題招致麻煩，甚至影響老闆對自己的觀感。任何人都會說好，但顯現在工作能力上的成果，就挑明了你聽明白多少。

開會抄筆記而不敢和主管對到眼，怕被點名發表意見，最好被當作隱形人，在加薪、升官時你也只得是邊緣人。只會接收的 input，欠缺付諸行動的 output，儘管重點滿滿，也比不上全力以赴完成一個任務。職場裡，老闆不會看你筆記抄得多好多棒多認真，而是看數字績效、成本毛利等數字。

想要有美好人生、想要職場步步高升，你若是愛抄筆記的這種人，建議先放下紙筆，打開耳朵用心聆聽，同步思考問題並探討意義，先產生想法再抄下重點，才是真正融會貫通，踏實地累積了智慧資本。

8. 展現能力及專業前，穩定性格和人品更關乎成就高低

到了一個年紀、做了幾份工作，你處事變得圓融，遇見什麼光怪陸離的職場破人破事，你都有解決之道，大事化小，不入眼的小事也能當沒事發生。同個辦公室中，若對於部門主管的處置感到不公、工作分配不均，或許心裡反覆醞釀難以揮去委屈，儘管多麼細瑣微小的疑惑不安，都會轉為一道無法抹去的痛。當你選擇換新工作或重新適應環境，憤怒及抱怨，有可能都還是存在，假設想除去這

段記憶，不是繼續怨懟、詛咒，而是你得打從心底真切地放下。

麥可是我大學時期的朋友，從研究所畢業後一路求職飛黃騰達，也曾任職於幾間知名的外商公司，最後還當上副總，身旁好友們無不稱羨他的薪酬及耀眼職銜。疫情這兩年大家很少碰面，但往來的簡訊問候、朋友結婚生子的也未曾少了他送上的禮數紅包。每次餐敘出遊，他總是大方地付帳，深怕大家吃不飽、不夠嗨，他欣然地大方付出。

一天，我與麥可約吃午餐，我們聊了這幾年的工作心得，總以為他是「刻意」維持完美又無懈可擊的形象，他卻回答我說：「寧願被小人陷害、吃味，也不要讓人覺得可憐需要乞討！」我問他，難道不累嗎？麥可誠懇也回應我，原來他的背後肯定有著許多艱辛難熬的故事，一切經歷內化成他獨有的底氣。

年過三十，個性與脾氣的穩定程度，更加重要。什麼奇人怪事你都看多了，自然明白怎樣的人會吸引自己來靠近，唯有正面看待人生，透露正面能量及資訊，環境的循環之下，才會讓好事來到。好的能量是會被感染，一個人順不順遂不是能力及專業多厲害，而是情緒平不平穩才造就好的狀態，好讓更多人來幫助你完成它！

情緒好與不好，結果論馬上替自己公布答案

「高情商」的工夫是需要時間及人設關係的磨合，才可得到的功力；它，不是虛情假意，而是必要的世故。無論年紀、名聲及職銜高低，絕對不能失去對人、對事的善良，真誠、好意必須給予值得的對象，否則最終受傷、吃悶虧的都會是自己。

英雄總會疼惜英雄，面對彼此理解的苦楚及煎熬，更多了同理和相知。談好一件事、經營一段關係，你言談的方式及氣度都是魔鬼細節。除了管理自己的情緒，知道對象是誰，而言談之中該說的、不該提的也清楚。成敗的關鍵，情緒就占了一半以上的結果。

遠離暗地較勁、陷害挖苦，卻不求進取的人

過了三十歲後，你特別有感的是，和同樣頻率的人溝通，不僅不會心累或浪費時間，還能輕易得到共鳴；同樣一件事，頻率不同、牛頭不對馬嘴的人即使講了數十遍，除了扎心，還得自己花費力氣及時間處理，甚至惹得一身腥。甚至，若是又遇上愛挖苦又不幫忙的主管、錙銖必較又閃事的同事，你彷彿陷入不得脫身的地獄。

職場中，優秀又有實力的人，往往有這個共同特點：不愛浪費時間、擅長與其他優秀的人交流思維。儘管出發點的心意大不同，但對於禮讓及抬舉，就怕自己替對方抬得不夠高、不夠清楚讓其他人知曉他的豐功偉業。這是為什麼？

原因是，成功者及才能出色者，總是正向光明，自有迎接好事的體質。相對地，失敗者卻往往自卑而負面，一心計較著別人怎麼會比自己優秀，不希望他人順遂成功。長久的妒忌之心，只是拒絕好事發生，只想眼巴巴地看著同溫層中的同儕和你成就差異懸殊，悄悄湧現的挖苦、較勁，只顯得小氣卑微。

低潮來襲，你有權選擇逃避，也可以沉靜微笑

職場工作、社會關係中的切磋磨合，任何人都在訓練著自己的心理素質。只要遇到不如意的事，內心戲一部接著一部，只會打擾生活節奏，對自己及身邊的人們也成了折磨。

「高敏感體質」的人想著、想著就醞釀更多壓力，陷入自我綁架的情感勒索，難以客觀批判事物及決策，活在自卑及罪惡自責的無限迴圈；相對地，另一種人降低自己的敏感程度，平靜看待得失，利用執行力扭轉不利的情勢，不糾結於情緒上，迎接大小危機都冷靜專注，成熟應對的態度讓失敗機率下降。

同樣一件煩心事，我們以何種態度面對，可能關乎年紀、多年來職場上的磨練，大多不會直接關於到工作能力及專業性。別浪費時間沉浸在情緒的陷阱中，鑽牛角尖也不過是精力的內耗。悲情人設太累人了，不要預設立場等待莫名其妙的壞事發生。反正鳥事都會發生了，那何不以平常心面對，微笑應對困境？

9.

為自己加薪升職，先以高薪模式思考人生報酬

男怕入錯行，女怕嫁錯郎，對於一個成年男人而言，工作是人生的關鍵之一，進入哪個行業的選擇也等同給自己一張入場門票；相對地，以女性來說，若和不對的人結婚，恐怕要賠上大半輩子的幸福。婚姻，並非說換人就換人的兒戲。這樣的比喻，套用於職場工作也同樣適用。

許多工作者在同一個公司默默耕耘了三、五年，甚至一眨眼是十年，壓根不

知道自己是否適合現狀工作。近七成的人應聘現下的職缺，只是考量學校主修的本科、後續延伸的技能，就順水推舟地選擇，但再怎麼拚命也只拿得到一般般的考績、一般般的薪水，每天睜眼就懷疑這一般般人生。

我們就面對現實吧，年過三十、三十五，工作不快樂、毫無重要成就，也只算是常見的平凡人日常。很少有人快樂地工作，滿意當下的薪資，就算察覺「職業倦怠」出現，也不會認為問題就出在自己身上，歸咎老闆對自己欠缺認同、公司制度太傳統、主管工作分配不均、部門遇缺不補、客戶過度吹毛求疵。終究，被檢視的問題都出在別人身上，而自己的錯就是選錯工作、職涯安排不當。

認真「用心」幹活，但不要犧牲健康

職場上有人高升、有人低落地辭職，看在資深工作者眼裡，同事來來去去都只是見怪不怪的常態。然而，對於那些自尊心爆表、龜毛又嚴謹工作的狂熱分子而言，總期待投入十分的心力，得見到十二分的報酬。若失誤了、失敗了，就認定自己差勁，面對私下議論、當面嘲諷的同事，全都往心裡去。以追求完美者而言，只要一個過錯就足以讓他的世界天崩地裂，甚至未來也跟著毀滅。

工作影響生活，而環境足以干擾健康，完美主義者往往有過高的企圖及自尊。但是，若剛強的個性欠缺圓滑及彈性，往往會有糾結又悲觀的玻璃心。難以滿足的野心只會讓你賠上身體，甚至失眠及憂鬱都來了。別說你要幹大事，你連好好過活的心思和體力都沒有。不要再將「工作賣命」掛在嘴邊，設下身心健康的停損點，不要過分執著地付出，身體健康才是人生走長遠穩健的先決條件。

薪酬漲幅多年靜止，職務報酬可能已到天花板

一份工作久做多年，薪水的基本水準再怎麼高也難以突破。若景氣不好、產業競爭者太多、顧客消費習慣改變，此時要求主管加薪、晉升，還真的是難上加難。與其被動等待公司決定，倒不如先做三項功課：

●**開啟履歷表，查看現狀自我市場價值**：若確實有換工作的打算，先瞭解自己開出的薪資是否有公司願意接受的價值，有多少公司有意願請你去面試、哪些公司對你的學經歷有興趣。未雨綢繆，才能找到更適合的職缺及新東家。

●**副業增加額外收入**：進修感興趣的新技能，延伸工作職位的多功性，抬高薪資及額外價值。

●**轉換跑道工作，低薪轉高薪、月薪轉年薪**：清楚瞭解自己的職涯身價，多多少少可作為籌碼，其中也包含你的專業、人脈、客戶資源。想要為自己加薪，切換產業確實有機會談到更高的薪酬，前提是你得要有承擔風險及接受「跨行業事務」一下的全新挑戰。

打破低薪迷思：錢太少，就換工作；升不上去，就換職務

別鐵齒，出社會到三十歲，你可以說自己仍在努力，跌跌撞撞也只是為了找到熱情及興趣；但是，過了三十五歲後，薪水若還是持平或毫無起色，這輩子很

可能就低薪到退休了。三十五是有價值談判的年紀，你過往經歷的產業和公司、職銜和職稱，及人脈與客戶名單，都是你斡旋及交涉的籌碼，只可惜許多人年輕時找工作未深思，椅子沒坐熱又在幾個月後換工作，這樣的履歷讓你薪水怎麼談都沒起色，企業也看不到對你的期待與未來。

想打破低薪，觀念上必須「處心積慮」，找到對的力道來推自己一把。提早卡位「對的位置」，就有本事讓自己身價翻倍再加值，好比是改變產業類別、轉換不同的職務，甚至是換個國家及地區工作。勇敢抛開與過去不同的職場文化，也將有不同的支薪方式及匯率，年輕時有本錢就膽大改變現狀，有助擴展見識及視野，畢竟等到四十歲再做，那就太遲了！

若只想透過換工作來衝破低薪，而不想為調整、挑戰自己，運氣是不夠撐起人生的。有積極向上的勇氣很棒，有與生俱來的才華更好，但足以在現實中撐起生活的工作收入最首要考量。改變以前，讓時間替自己累積專業實力、個性穩定度及職涯遠見，就有機會為自己「調薪」。

10. 憨慢又安靜的內向者，當不了主管？

小華學經歷漂亮，為人也隨和斯文，主管有意將他升到主管大位，但老闆卻發現他無法發落下屬做事，甚至連安排會議時間等小事也拿不定主義。個性內向沉穩的他，自己靜靜包辦整個部門的大小事，後來公司將他調離了主管職位，再也不讓他回鍋。旁人可以感受他的苦楚與委屈，內向的特質讓他在職場上總是吃盡閉門羹，成為被忽視的邊緣人。然而，他是很有料的人才，小火慢熬或許才可知曉他的價值。

內向又安靜並沒有不好，但平穩婉轉的態度，總讓旁人認定他放棄發言權。說穿了，自顧自地埋頭苦幹，不想經營同仁間的情誼，連打交道都覺得麻煩。此時，工作上認不認真已是其次，平日茶水間的互道早安、與隔壁同事閒話家常、下午揪團訂下午茶，這些持續的互動可以讓辦公室氣氛活絡，對話不死寂、沉悶。

假設我是小華的老闆，我也會速速調離他。原因很簡單，主管與下屬間有適合的工作分配，有助組織內的營運效率提升，這也同時反覆考驗主管自身的人際能力及判斷力。每位同仁都是辦公室的齒輪，無法獨立包辦所有大小事，但重點是老闆花錢是要你來解決管理大事，掌控他人做不來的要務，絕對不是只要實習生能勝任的瑣碎小事。

年紀及職位越大，就越安靜，小人暗箭自然也多

三十歲前，當你心想表現給大家看，身旁同事及主管就會靠過來稱讚又叫

好；三十歲後，當你成為管理整個專案的部門主管，固然只圖安靜做事，但下屬覺得你的沉靜難以捉摸；跨部門的主管們則認為你心機重、城府深，處心積慮為升遷積極準備。最終，老闆只會因為你欠缺存在感而忘記你的名字，看不見你的價值及能耐，而這就變成了致命傷。當老闆看不見你能力上的優勢，黑鍋就容易甩到你身上，可能到了離職時，老闆還困惑地懷疑你只是薪水太高的奢侈品，不中看也不好用。

閉羞的主管不是憨慢講話，是少了自信踏出那一步

有些安靜內向又少話的主管，在辦公室中渾然不知自己被貼上什麼標籤，因為他不在那群議論長短的同事之中，而這樣的工作環境顯然不健康。但是，每一次的加薪、升遷，總是那些滿口甜言蜜語、八面玲瓏的人。

身為內向的工作者，總是比較吃虧。另一方面，但認定所有問題出在公司制

度、同事的個人問題也實在沒有必要。答案的源頭，最終要回到自己身上，若無法信賴他人，也就沒自信面對事務。

身為主管，專業肯定沒問題，相信也能無懼面對問題及挑戰，但你總是因為擔心下屬做不好、不信任同儕，這樣的結果只會讓你單槍匹馬，獨自面對只會顯得不合群，甚至不重視下屬的專業及意見。但是，你能有所改變，就從對於他人的「接受」開始，接著從「互動」中開始調整彼此對話、對應的方式。高不可攀、一板一眼的主管，不會擁有帶來最佳貢獻的下屬。

就算個性天生憨慢、內向，你還是有機會成為下屬的好主管，徹底改善的方法就是：整理你的思考邏輯，以自信表達，同時給予下屬適合的表現機會。

● **學會聆聽對方的重點及心情**：在溝通時以簡答找出重點，進一步歸納結論。學會掌握一個事件或一篇故事的關鍵，透過中肯又正向的肯定句給予回覆，真誠表達你的認同，對方也會感受到你在乎並正在聆聽，也足以感受你的情緒與看法。

●**反問對方後再補充自己客觀分析**：沉不住氣的主管，希望第一時間就得到答案，不讓下屬有學會解決問題的機會，甚至覺得讓下屬處理是很讓人掛不住面子的事。不妨給他們學習機會，對於他們排除問題的方式也冷靜應對，適時提供理性分析及鼓勵，一步一步培養彼此間的默契，帶人也帶心。

用對方法，小白兔也可率軍打勝戰

許多企業的高階主管及老闆都有活潑熱情的個性，而開朗樂觀的態度讓他們帶領團隊往前衝。然而，領導者並非只有單一樣貌。個性內向的人，針對目標結果特別專注，更擅長推動長跑型任務，不高調的沉穩個性也讓他們更擅長謀略，優勢如下：

●**少點大會報告，多點小組會議**：過多成員的會議講不到核心，參與者大多覺得事不關己。然而，少數人的小組溝通有更佳效果，可以有效率決策，並不會產生過多時間成本。

●**反向思維大過於直線宣戰**：遇到危機時刻，內向的人可以深思熟慮看見同個問題的多個面向。相對於個性太衝的領導者，直接的表態容易被看破手腳。

能在職務上展現個性上的魅力、專業能力是最佳狀態。隨著年齡漸長、市場環境的變化，你要隨時調整自己的樣子，否則只會被潮流淘汰與年輕同事產生代溝。順著趨勢走，不必改變個性，而是換個方式行事。職涯是一段漫漫長路，不會有份工作長期適合自己的個性及成長，不要讓個性成為阻饒自己往前的藉口。

瞭解自己，讓自己有昇華成長的空間，也保有改變及學習的彈性。擇善固執過了頭，就會成了故步自封。減少「主觀意識」、少點「情緒批判」，當你調整過後，走向人群，你將發現許多不順卡關的「糾結」，意外全都化繁為簡了！

11. 展現實力不是童話，小紅帽也有反撲大野狼的時候

學生時代到出社會工作，人與人之間的新關係建立，序幕從面試時雙方的瞭解開始。無論經驗是愉快或糟糕，最終結果是否錄取，對應過程中彼此顯現的「平等」及「尊重」又是另一個關鍵。許多公司派出的面試人員，心態都有如自己在跳蚤市場購物，公私領域皆打破砂鍋問到底，討價又議價。欠缺同理心的前提下，往往忘了應對的是渴求獲得工作的求職者，自己也身處那樣的位子，而該給的溫

暖提醒及基本禮儀的尊重，全都瞬間拋諸腦後。

剛搬家的David，因為要開始還房貸，日常開銷更需要用到大筆資金，於是換了工作到內科園區面試一間知名單位的工程客服經理，前後有三層關卡、六位面試官。過程中，受到的質疑及刁難尤其多，也讓人挺難受。年過三十還沒結婚，就得被問到是否有女朋友、是否有結婚考量、目前的經濟壓力、家裡做什麼的、有了家庭之後是否需要較多私人時間等。甚至，對方也直言，對他這樣的新人來說，若無法全心全意投入工作，會讓公司及部門主管產生困擾，若是抗壓性足以應付，再來細談下一步。

他當然很想拿下這份工作，但面試官更一語直指David的要害。「你其實也不年輕了，來我們公司上班一律都從基層做起，才能升官至經理職，可以接受嗎？你感覺不像是能吃苦的年輕人！」面試官笑著調侃他。

職場嘴臉的直接又現實，面試官的羞辱，你要當作動力還是阻力？

為何在多次的面試之後，心越來越累，甚至懷疑人生、找不到個人價值？多數面試人員，老愛用「為公司好、將嫌棄當檢視」的心態去攻擊求職者，自以為是審判生死的閻王，一步步考驗對方的底線及能耐，講好聽一點就是「職前抗壓測試」，但求職者若直言表示不願意接受這般拷問，面試人員還會替求職者標上標籤，好比是：

不錄取也好，抗壓性太低，說話也語塞，看起來也不會做太久！

年紀那麼大了，還沒有專業，面試也只是浪費時間。

都三十二歲還沒結婚，沒定性、說話太憨慢了，慢郎中才不適合我們公司的步調。

面試當下，David 被數落得一文不值。他問，自己只想要好好擁有一份工作、一切都願意學，也願意彎下腰重新打底，為什麼要這樣被羞辱。

當烏龜跑贏小白兔時

這個事件經過了三年後，我和 David 相約吃飯，提起這幾年的生活與狀態。他將三年前這家公司面試人員的羞辱言語轉換為動力，吃了令他氣憤不已的閉門羹後，反而更認真地加強專業外的技能，投入撰寫文案的能力及網路行銷，甚至考到多張證照，現在任於職網路廣告公司的主管，年薪及福利都不輸給當年那家公司。現在的他十分感謝當年對方不加以修飾的羞辱。

三十歲的人若決心改變，時間及體力也大不如前，更沒有時間再糾結或原地踏步。迷惘時肯定要能明白，山不轉路轉、路不轉人就要想辦法馬上轉，職場永遠不等人，凡事也絕對起頭難。人生中所走過的路、受過的傷、遇見的小人及貴人，全都會成為滋養職涯閱歷的養分，你絕非白走這一回。

年齡焦慮、社會期待、同儕比較

想要轉行或跨產業重新來過，建議可諮詢有該產業專業的朋友或前輩，聽聽他們的經驗分享。經過慎重的評估，就別再拘泥過往的成敗，全心投入當下，成就下一個階段的自己！即使未來又要再花費幾年才會有成果，但就在這幾年之中，認真專注，一步一步都是成功的關鍵。

不可否認地，年齡絕對是人生的壓力。年紀越大，越希望擁有自己的一片天，不僅是證明自己，也期許自身成就符合社會及長輩的期待。加快腳步，更踏實將每次練習當成正式考驗。少聽太多非實證面且情緒化的言語，「聽說」、「有人說」等沒養分的傳言，聽多了只會令人慌張、焦慮。依循自己的節奏才是唯一辦法。

聚焦在一個目的地，不被消極的過客指引甚至干擾。順應該穩當的計畫前進，祝福自己，就是最棒的鼓勵。人生要工作的日子非常長，晚個三年還是五年，真的不會怎樣。要沉得住氣，再漫長的路都會抵達終點。

薪水低，就想辦法找錢，不要認為換工作就會富有

懷疑人生時，我們總對自己說「工作不是生活的全部」。然而，人生中總要有收入才能支撐生活。認清「生存」及「生活」的差別。生活中該有工作帶來的基本收入，卻也得開創其他收入，才是一輩子的生存要點。當我們認清工作背後的意義後，思維換成「求生存而求生活」，而不只是「換工作求高薪」，明白收入的管道不再受限。對於上班族而言，多角經營、斜槓副業，才有機會提高收入，更邁向財富自由一步：

- **你的高薪不穩，更要多管道進帳收入。**
- **你的開源厲害，更要會節流。**
- **你的節流到位，更要會錢滾錢投資。**

台灣俗語中，有一句話叫「大隻雞慢啼」，意思就是大器晚成。若換在職場

工作上，有能耐就得多充實點，專注準備，待時機成熟自會有所成，而有內涵有實力的人才，不怕時間，遲早跟上腳步，迎向成功，永遠都不嫌晚。

30

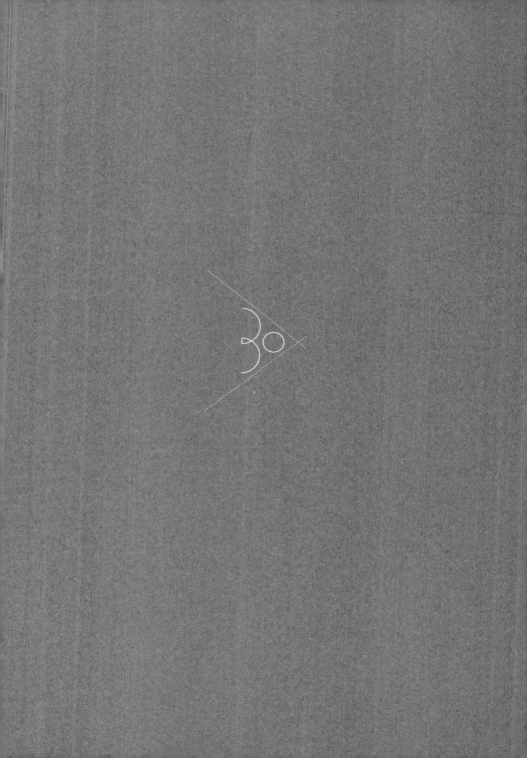

Part 3

定

30就定位，有中心思想的人腳步越穩

1. 好職位只給勤勞的人，隨時更新履歷並和獵頭維繫良好關係

喝一杯咖啡，在家沖濾掛包，花費成本可能不到三十元；若到有名氣的連鎖咖啡廳，可能要價一百三十元；到景觀主題餐廳，買單的價格是二百二十元。如果把咖啡定價的理論比擬在職場上的工作位置，你的確會盼望薪資可以達到一般水準的三倍至五倍，其中能夠拉抬價格的人得要賞識你、瞭解你，也明白你的價值。很多人口中所說的「你值得更好」當然一點也沒錯，你有機緣碰到更好的工

作、更佳的福利，甚至讓遠景更漂亮的職銜。有時候，你還未找到應對能力的機會發生，要先確知一個關鍵，「想要得到好的對等價值，決定於你在什麼地方、位置、誰會最後推你一把。」

換言之，每個人都有自己的價值，不必灰心、自卑！此刻的你，只要目標堅定、往前邁進，買對車票搭上那班車，目的地還會遙遠嗎？即使仍有一段路要走，但你也已啟程出發，也遲早會到站。記住，想得到豐收成功，不花點時間釐清方向與做好準備，幸運之神最終有該如何幫你點石成金呢？

自助後，其餘的就讓旁人發現你的好

出社會後，Maggie 做過行銷企畫、品牌文案、研發生產，瞭解傳統產業、深知外資企業的文化，最低的月薪也有六萬五，後來碰到公司於疫情期間倒閉，輾轉於短期內換了二間公司，最終落腳在新創公司，薪資三萬七，因為離家近也讓她安穩做了兩年，不幸今年公司又因為資金短缺而資遣了她，今年四十一歲的她求職挫敗，整個人逐漸失去光采活力。

然而，她不變的優勢就是正向的「學習心態」。待職期間，他和久違的老同學、獵頭朋友見面敘舊，也去讀假日在職專班，讓自己持續前進。皇天不負苦心人，美商公司的獵頭正在找品牌總監，看見Maggie於同領域耕耘的堅持不懈，大力推薦她。基於Maggie的豐富經歷，這家公司不僅要求她馬上就職，也為她開出一百九十萬不含獎金的年薪，她著實感受到上天的眷顧愛戴。

就算面臨考驗，或對工作現狀不滿意，也不必唱衰自己，在逆境中少點抱怨，反而當成勤勞學習的動力，就算是錯的工作，也讓自己成為對的人，總會在對的時間碰到更適合的工作。

師父領進門，修行在個人

一位國外工作的朋友回到台北，透過朋友介紹去科技公司面試。不熟知台北的薪資行情，他事前也打聽了工程師的薪資範圍、公司背景及理念，及面試官的眉角。但在面試過程中，過往年薪一百八十萬的他被面試官打探是否能降低開出的薪資，朋友竟然大打折地表示「可配合公司降價到九十萬」。原以為透過關係面試的錄取機率至少有八成，殊不知面試人員多方詢問薪酬底線就順利攻破，雖然覺得能以最低薪酬為公司找到人才，但也難免對求職者的應對能力及專業有所疑惑，甚至懷疑自動降薪的背後理由。最終，這家公司因為存有疑慮而未錄取他。

職場上打好的人際關係，有如提早取得的入場門票，但後續的造化就是自己的本事。有自信是必要，但談薪的技巧也不可少。要獲得一份好工作，做好功課是關鍵，至於如何做功課、哪個老師來教、是否會一舉反三，就是個人功力。

切換工作要處「薪」積慮，做好也做滿

帶著滿滿的自信心去面試，但不幸落選時心情肯定難受，不僅自尊心受損，也對自己的能力感到喪氣。每一次嘗試都不過是「一次失敗」，你也得到一份經驗，不順心也何不為自己打氣，更勤奮找出努力的要點，如果做滿了，那是緣分

未到，如果沒有做到可圈可點的滿分，下次就朝著那個方向努力。

工作越找越好，薪酬福利越換越優，處「薪」積慮把關四個重點：

● **設定每份工作的期限，半年更新一次履歷及工作績效，公開自己的行情**：將現任公司隱藏，定期地讓履歷呈現最完整、最即時的狀態！越新鮮的履歷，就有更多被看見的機會。

● **與不同產業獵頭建立關係，就算未成功引薦也可瞭解產業狀況**：建立連繫的管道，才有進一步得到被獵頭推薦的機會，就表示你有基本的優秀特質，若是工作到手、成功任職最好，若這次沒成功，也與獵頭保持友好。

● **不懶惰耍廢，自己要刻意爭取好工作，好事並非只能順其自然**：求職肯定需要天時、地利，但也要人和。完善準備了再來談下一步的進展；若事情只做半套、得過且過，好機會必定從手中溜走，也不會等你準備好再回頭敲門。

● **誠實瞭解自己職涯上累積的行情**：開太低對不起自己，開太高卻斡旋成功就是你的本事！多數面試人員總是多疑又怕事，若提出的理想薪酬低於水準，必定會懷疑你的能力與價值，畢竟重新尋找接替職位的人，只是增添麻煩和工作量。

切記，要找到好工作，先學會好好談出自己的「好薪情」。

2. 十年的未來布局：三十三歲前低薪轉高薪，月薪轉年薪！

二十三、四歲左右脫離學生身分，距離「三十而立」的分水嶺，也只剩六年時間，若要在六年內要如傳統觀念「娶妻生子、成家立業、買房買車」，沒有幾個人做得到。主計處公布，最低的基本工資為二萬四千元，而大學生均薪資在二萬八至二萬九、碩士生約三萬二起跳計薪。如果以這數字來明確計算，多數人在三十歲前根本無法娶妻生子，連交往都要煩惱約會支出；更別說買房，許多在異地工作打拚的北漂族，連租個像樣的雅房好好度日都有困難。別說買車，休閒娛樂、存錢投資，也都只是癡人說夢的傳說。

在這種社會環境下，年輕人對於未來欠缺把握，薪水沒有漲幅，物價越來越富，而疫情也引發了職場大洗牌，失業率再創新高，工作模式被迫改變，也讓許多企業公司不願再找人，遇缺不補。當市場環境不理想、薪水無法提高的情況下，請先找出自我價值，尋求開啟副業的機會，就有可能開發額外收入。當然，你也得預先評估主要收入的正職工作是否有機會翻牌，拉高薪酬數字。未雨綢繆，為自己低薪轉高薪、月薪轉年薪。如果有困難，你就要評估自己是否選錯工作，薪酬多年未有動靜，背後原因很可能是以下幾個原因。

你提不出具體績效的實際數字

正常營運體制的公司都會評估每位員工的產值，以數字具體評估核心能力、績效及貢獻度。若你只是一般行政或總務部門，在企業的眼中，是門檻不高，取代性卻很高的員工。所以，即便是例行性行政工作，若不思考如何做得比別人好，加薪這件事勢必與你沾不上邊。然而，當你看著公司業務同仁，底薪、獎金，時間自由不進辦公室，薪酬高得嚇人，這是為什麼？

說到地你得先認清一件事實，「業績就是公司營收的根本！」多數公司都會討好業務，甚至業務說了算，底薪配上獎金，是讓公司老闆最直接知道賺錢數字、公司產品在市場買單程度，畢竟是公司收入進帳的窗口，有數字比空談想法更實際許多。想調整薪資，無庸置疑必須以數字及表格化作為具體績效探討，公司才會認帳買單。

一份工作時間待太久，欠缺漂亮履歷，沒有薪酬籌碼

二十三歲離開校園後的六年，可能很難達到「三十而立」翻身薪資。若額外加上三年的「三十三歲而立」，這「黃金十年」的曲線成長就尤其重要。三十三之前，最好有三至四份工作的履歷，最後一份工作能擔任管理職為佳。三十歲前的第

一份工作作為初步的職場學習，第二份工作為探索興趣及意義，第三份工作重視熟練地專業發揮。當工作要到「順手」往往要第二份工作才有感，每份工作至少兩至三年，就稱得上是一份體面又完整的履歷，面試官更能認定你的穩定度，否則也只會對你的履歷抱持懷疑，而避免雇用穩定性低的員工。在第四份工作，年紀大致是三十二、三歲左右，你也已明白談判技巧，瞭解自身優勢如何應對薪酬，工作的選擇上也不再心猿意馬，明白如何盡快適應工作環境，這時，你的重心就是將月薪轉為年薪，讓自己躍上高薪一族。更換工作並不是壞事，換多、換少都不好，建議三十三歲左右已有四份工作經歷，在薪酬的談判上擁有較佳的斡旋勝算。

是否有無力承擔「三高」：高難度、高壓力、高風險

許多人在同產業、同圈子的單位跳來跳去，薪資水準已到達天花板。建築師、醫師、機師等「師」字輩職業的起薪當然高，專業門檻及技術獨到，一般人難以競爭。可想而知，科技大廠、航空、藥廠肯提供居高不下的年薪及福利，你也得

拿出令人驚豔的學經歷及語言專才，他們要極專業與具備額外所長的人才。

另外，職務上承擔的職責任、風險及管理範圍，也會影響到薪資水準。大致上，管理職責越大，對公司及部門的影響也越高，而薪資也往往高於一般基層人員。許多高階主管及核心幹部總有睡眠問題及高血壓，甚至在健康上亮起紅燈。想拿高薪，不僅得要有專業上的本事，也有健康上的能耐。換個角度看，當你羨慕高薪專業人士、欽羨哪個人的漂亮職銜時，現在的你可能還未負擔太多的沉重壓力，生活也算得上平穩安逸，但當然也就反映在薪酬上，或許就得減去一些期待。每個選項都有價值，有得有失。

是你無法跟著市場轉型，注定當低工時者

機會及資本，就在人潮聚集之處。過去找工作要找大型企業、最好有股票上市、資本額上億，也看得出職務上的未來發展。然而，時運不一樣了，尤其是疫情後的職場時代，你得認清自己是否有本事順應市場，如今線上趨勢所需要的

「數位行銷」、「網絡運營」專業是否到位，也請一一盤點自己是否備妥這些跨領域的整合能力。善用過往的工作專業，將個人創意結合線上商業模式，早已是迎接下一個職涯世代的新趨勢。

有許多傳統產業、家族企業或老品牌，流於型式及安穩的工作模式及企業文化，一般員工只有科技的基本能力，卻做不到社群營運、物流串接銷售、數位網路的商業模式。所以，在這波疫情下，許多來不及優化營運的企業瞬間便被淘汰，而許多工作者慢了他人一大截，被淘汰之際才意識到要進修並精進其他技能，也為時已晚。只在自己的職位上拚命刷忠誠度，幫老闆實現夢想，在這個時代絕對不夠。

起風之後，有學習心態的人逆風上揚，其他人則被風吹走。未來消費者要往何處走，求職者的工作就該往哪裡去，這也是錢財流動的方向，也是後三十定位的潛規則，想要讓薪資提高，你得好好為自身的職場體質打通任督二脈，不被低薪綑綁一輩子。

3. 好能力讓你找到好工作，但好脾氣決定你配得上更好的位置

想想，你私下有什麼樣的個性及脾氣，而工作時你給他人的印象，又是怎樣的一個人？

三十歲了，還要在職場上耍脾氣，還以為自己要的不過是公平公正，對身旁的人討價還價，還認為不過是選擇不虧待自己。有一天，怎麼突然都不管用了？當時那些陪著你走過、成長的人，臉色變得比京劇變臉更快，口氣不再和緩有耐

心，先前對菜鳥的自己，曾有的加油打氣、鼓勵不再。過去，你還有「學習」作為成長的理由，跌倒、碰壁都是必然，大家都肯給你多一些時間、空間。然而，這般幸運的免死金牌只讓你在職場上用七、八年。

是時候長大了。幸運之神不再提供外掛的庇護，往後仍有三、四十年的漫長職涯要走。後三十的開始，一旁良善的同事不會再給你理由打混，而是「實事求是」。你若是想以任性拋開工作上的責任及義務，只會被貼上「抗壓力低、玻璃易碎」的標籤。三十之後，一切考量更加現實，無一事順風順水，這難道就是成長？

會做事是職場必備，但不會做人將是失敗的最後一根稻草

三十歲前，遇到理解又疼惜自己的好主管，是一件多麼幸運的事。我同事的女兒小美剛畢業並進入第一份工作，她遺傳了媽媽的細心及機伶，總會一舉反三，讓主管放心又滿意。很可惜，她是個愛比較、凡事講求公平的新鮮人，總是在工作時強調「平均分工」四個字，常以這項工作不屬於自己職責而推托，只求

能者「不」多勞。但是，說到了福利、獎金，她又計較別人拿多而她拿少。一段時間後，同事說她愛計較，還給了她「正義妹」的綽號，她的耿直，說難聽點就是易怒，其他部門同事都來向她的直屬主管告狀。主管好話說盡，希望她調整一下上班時面對同事們的脾氣，她卻認定自己不過是「講求公平而已」，而「不委曲求全」是她給予的回覆。

後來，疼愛小美的主管留停生產，此時三十一歲的小美已經不是懵懂無知的菜鳥，而一板一眼的新主管非但不苟言笑，對小美極為嚴厲，事事談業績、論表現。隨著時間過去，小美似乎還不明白自己已不再是當年有主管護航的幼鳥，但面對環境的權力轉換，進而影響同儕的相互競爭，她仍然自溺地「做自己」，但其實目中無人的態度，不時與新主管唱反調。儘管小美已有七年資歷，老闆仍看不下她跋扈又消極的工作態度，請人資立即通知她辦理資遣手續。

沒什麼專業技能可言的小美，雖然好用又耐操，卻也是容易被取代的打雜小妹。壞脾氣為她趕跑了幸運之神，還有她所認為的理想工作。說到底，只有自己才會誤了自己。

每個人來自不同家庭，有著不同背景，所受教育及相處方式各有不同，你的脾氣請不要帶到職場上，沒有人理所當然得隱忍你的消極，這不是大家需要買單的事。靠山山會倒，靠人人會跑，靠父母會老，靠別人不如靠自己。靠自己，得來的成就更踏實安心；靠自己，說話才泰然無愧；靠自己，活得漂亮不廉價，貴人也一一報到。

三十歲的警鈴響起，接下來大致每五年會再次大作。「我的個性就是這樣，不為誰改變！」這句話放在三十歲前，還勉強合理，畢竟你仍在找尋人生方向、目標及興趣，你還有機會磨得更圓融。「個人主義」不是要你將自己的感受無限放大，過於敏感又玻璃心，最終只會導致共事者退避三舍。若是如此，也難怪碰不到指點迷津的事業導師或伯樂，卻料不到都是自己性格所造就的惡劣結果。三十歲之後，你有必須堅持的立場，但也得拋下自視甚高的主觀意識，不會再有人耐心指教、賜你台階，而缺乏彈性應對的脾氣，只會讓你更快嚇跑貴人及伯樂，就算機會來了，也止於門外。

凡事皆有彈性，好感度爆棚的「生存法則」

你的脾氣及性格，始終影響你職涯上的布局。你不必照單全收，順應所有他人的期待，但可以明辨是非、擇善固執。許多工作者總敗在「身段不夠柔軟、欠缺彈性」這一點，硬脾氣及死個性終究會是自己吃悶虧。良善待人、彈性應對，才是職場上報酬最好的投資。不妨換個角度，並以智慧溝通，就有更大的空間，轉圜機會也變多，肩擔的責任自然可逐漸變少，讓你有力氣放在好好生活上。

面對長期的工作，轉換思考心態很重要，一步一步地造就屬於自己的「生存法則」。每隔幾年，甚至每年督促、審視年歲漸長該有的成長，而中程、遠程的職涯是否有必要重新釐清，不只是觀看市場趨勢，也依個人當下的生活狀態。後三十的開始，要超前部署，維持健康正向的工作品質。

4. 韜光養晦，才是超前部署的最佳時機

在餐飲集團擔任十三年的店經理 Brendan，從二十三歲時的基層專員，做到現在的店經理，任職數十年之久，每位員工都暗自認定他是總公司下一位要提拔的區經理。然而，來到了四十歲卻仍是原地踏步，但他還是只埋頭苦幹、自我勉勵，心想肯定是不夠勤奮努力。後來，他從人資口中得知，主管認為他「經歷一般、視野一般，看不出未來如何帶隊打仗」。他無法忍受面子掃地，自尊受傷的

心態下，工作態度由積極轉消極，任何人都能感受他這一路積累的負能量。

他的青春如實奉獻在同一間公司十三年，如此最黃金的職涯，全投注於一間公司，薪資停漲多年，工作有增無減，同事離職就遇缺不補。

他一肩扛下，而碰巧遇到的金融風暴、疫情，一句「共體時艱」就要他並肩作戰。老天總愛捉弄人，原來老闆寧可高薪聘請外頭的專職管理人才，也不願將這個職位交給他，這是怎麼一回事？

過度認真、極為專注的你，難道錯了嗎？

面對升遷至更高的職位及掌管部門，多數人都認為只要「專注投入」自身的基本業務就好，但事實上，如此的人才卻缺乏延展性，無法以長遠的視角和技術來管理，有深度卻欠缺寬度，一般員工及基層管理職都有專長，但高階核心主管需要的是寬大的智識，市場敏感度並更需要多元瞭解，而這些並非是努力工作或乖乖聽話就能勝任。想要有身居高位的機會，有時仍必須離開座位、走出框架，與各行人士切磋交流才有機會理出一套心法。故步自封的井底之蛙，只得看到有限的視野，無法接納新事物。

真正有能力帶領部門、團隊，甚至整個公司的人，不見得是最專業的人才，但肯定是最敢「打破傳統體制，掌握創新市場趨勢」的大將。若專一到只重視細節，卻看不到大方向的格局及市場趨勢，限制了公司的人才發展，或只在單一不變的領域耕耘，為手握不了趨勢又不接受改變，就只得被世事的變化給滅頂終結。認真專注的人往往很難被看出貢獻，始終不是老闆首先想提拔的對象。

「少換工作」的專一忠誠，難道沒價值嗎？

無論你花多久時間待在同一個公司，一廂情願認定自己有極高的「忠誠度」，但公司可能只認為你「沒有地方去」。也許你也曾多次評估，考量各家薪資及福利、能發揮空間的專業舞台，甚至有可能高升的職位，最後仍選擇留在舊東家，甚至自以為忠誠如一的自己，肯定是公司愛不釋手的忠臣，殊不知，你早已被遺忘，也沒人在意你的付出及貢獻。

許多年輕人，太年輕就開始想著要養老，不僅害怕離開舒適圈，也拒絕新挑戰，欠缺不同產業公司文化、經歷與待人處事的多面瞭解，待老了才猛然發現自己欠缺資源，不懂管理模式、沒有專業領導、危機處理能力，以及市場開拓經驗，更別說，沒有人脈、沒有其他的專業才能。

與其等你自己成為一個像樣的人才來接任主管職位，還不如鼓勵你先離職。無聊的安全牌履歷並非不好，只是恰如公司門口發財樹，就算存在著，但也說不上能實質為公司的未來帶來何種展望。

在單一專業上努力的你，真的太傻嗎？

工作上的專業固然是必備基本功，但只有一種專業可能很危險。第一，市場趨勢的改變，大浪打來很有可能讓你淪為被淘汰的對象；第二，只有一項專業讓你埋頭苦幹，旁人對你的印象即是「狹窄的專注」、「專業過於單一」，若想坐上管理職，肯定要讓老闆看見你的不同，甚至職涯經歷上的寬度。

市場上的消費者習慣不時改變，每個職位的需求就有所不同，每個產業也各有隱藏的風險。若是單一專業又長期待在同一家公司，對職涯成績單並不會加分，不過是持平或每況愈下。瞭解打開職涯「寬度」的意義，讓自己學著走出去並多認識人、學習不同領域的專業，妥善規畫自身職涯，當思考的心法上有彈性、有轉變的空間，人生出路也會隨之不同。

現在，你的工作讓你受委屈了嗎？你要做的只有一件事，改變當下思維，將委屈及迷惘交給時間，韜光養晦後才是跳躍更高的起身，放開心胸的侷限，才是順應趨勢走的成功大道。

5. 而立之年的下一站：三十而已，換工作或切換跑道？

三十歲有如另一個成年禮，裝嫩可能不像樣，要扮演成熟角色又不太對勁。此時，換工作及思考人生未來走向，正是重要的課題。在台灣，過三十五歲的年輕人，有七成開始正視存款和理財的重要性，思考要換工作還是切換產業，也能確實看待收入大於職銜的事實。甚至，也有些人躊躇是否該創業，成為自己的主人，不再看別人的臉色。

然而，多數年輕創業者不到三年時間又被打回原形，不僅回不到原先的行業及職位，兜了一圈卻可能白走一回，面臨中年的人生卡關，高不成、低不就。這時，才發現過往朝九晚五的工作、得過且過的日子卻再也回不去。再度求職卻又擔心旁人眼光，甚至處處碰壁，找不到自己滿意的薪酬及對應的職位。

在某些人的定義中，「找工作」就是進入一個有規模的公司，擔任全薪的正職員工，努力不懈做到退休、接著拿到退休金，才算是功成身退的完美職涯。但是，這也可能是一廂情願，因為公司也同時權衡你過往的履歷、專業上的利用價值。當你欠缺危機意識、安穩地坐在原位，卻不再擁有帶來收益的優勢，公司仍可能請你走人。待緩緩走到四十不惑時，你是否仍然原地踏步，人生越來越迷惑？

十年後，你會給現在的自己什麼實質建議？

過了而立之年，還在職場上不安地擺盪，你該認真檢視自己的興趣，擅長的的工作類型？哪一種是自己最能發展的工作型態？而收入與實際生活開銷怎麼平衡？最後，你到底想成為怎樣的人？以何種職業或身分來過日子。確立人生目標後，再來安排現在該如何開始，生活如何整頓，工作上如何釐清排序。現下即將進行的每一件事，都是為了讓未來生活更加踏實，假設現在偏離航道且浪費時間，未來只會悔不當初。

從十年後回頭看現在的自己並規畫未來，切記你要的規畫都不是過去及現在，而是「未來」。因此，無須花時間尋找答案，那也只是做白工、讓自己加倍灰心。拉遠來看更為實際，目標一目瞭然，眼前計畫的輪廓只會讓人越來越不安，你可以減少不必要的情緒焦慮，讓人生更對焦。

我身旁有一位滿三十三歲的年輕主管朋友，一路羨慕嚮往可以出國打工渡假的背包客生活，正思考著這年紀是否還可以成行，這個衝動的成本是浪費二至五年時間、數十萬到百萬的開銷，但沒有把握回來之後如何計畫未來。任何人都有嚮往，卻也得踏實生活。夢想需要縝密規畫才能成真，欠缺理性的感性，只會成了不切實際的空想。

三十而已的抉擇路口：維持副業，而非衝動創業

景氣永遠不會好，疫情更是打亂全球市場、所有人類的日常安排。但仍有人想趁著這波大浪來創業，義無反顧地拿出老本投入，但十之八九撐不過三年，成為如扮家家酒的心酸遊戲。

人生後三十，不求全盤梭哈，人生、職涯要不出大差錯，關鍵是「求穩定」。別尋求太大起伏的收入來源，說傳統也好，批判膽小也罷，你得先站穩腳步，先存下基本資本、保有原先的正職工作，也要有存款來支付預料外的開銷。擁有自己的固定收入，另外開發自己其他的興趣或副業，早早實踐就能早早實現。興趣若是能轉換成變現能力，不僅是未來趨勢，也是一種自我實現。

後三十的人生決定，無論是換工作、買房、結婚、財務投資等，都要捫心自問、誠實應答。當自己不騙自己的時候，所做的每個決定，都會是最佳的答案、最好的安排。

6. 二十五歲看公司名氣及職稱，三十五歲後管進帳數字

畢業後，小偉就在公部門工作，多年來相當「穩定」，這不僅是指工作本身，也指他不高的薪資，多年來領的一直是四萬元的薪酬。九年過去，他發現身邊同儕大多已有百萬年收入，要不就是在外資企業擔任管理職，出國出差還能補助車馬費及餐費等，福利令人稱羨。他擔憂自己輸在起跑點，漸漸少了市場競爭力，只得每天喊著想要換工作、轉換跑道。

透過獵頭介紹，有間外資公司找他面試。他認定以英文專業工作，就不用擔心脫離就業的主要戰場，薪水水準大致為八萬元，他不亦樂乎。問題來了，面試官嚴正又謹慎地表示多個疑問：他職銜作為「專員」，是否能勝任要有豐富經驗的主管職、是否能帶人，為何一份工作待了九年不換。

他當然想不到合理的說法，內心掙扎著是否該放棄，就卡在面試官的問題上。他擔心一離開穩定的舒適圈後，不可控的變動因素就變多了，可想而知他最終仍選擇待在原本的公司，理由卻是「我三十四歲，理應要拿二百萬年薪，何況我如此忠誠仍都沒換過工作。但是，一年才多四十八萬也太少了，不值！」顯然地，他被害怕失去、不願改變的心態給打敗。

面臨三十五歲大關，更該努力為未來的職涯及人生規畫打算，眼高手低讓轉職成了空談，只得羨慕旁人幸運。

許多人面臨職涯抉擇時，只是「害怕失去」，而非「獲得新開始」，這種「捨」偏頗又短視，看不到「得」，讓選擇傾向保守。

一份工作做快十年，是忠誠還是災難？

老派職場教規第一條：「一份工作就要穩定做到退休、主管或老闆給的指示都得服從忍耐。」相對地，小偉就明顯被這種舊觀念所綁架，認定自己身為忠誠的優秀員工，舊工作的年資肯定和新工作年薪成正比。事實上，當走出熟悉職場只會被質疑，單一職銜及長年資只說明他經驗單薄，長期待在同個舒適圈，也將讓他難以適應工作環境。

待在同一個工作環境太久，易造成斷層現象，不僅對就業市場陌生，也不知自身身價。「換工作」與「基金投資」是一樣的理論，都是先進場、後看盤，不同的是投放標的，工作投資的是職涯的時間，基金投資的是金錢，無論哪一款投資，背後意思都相同，冒險選擇高風險、高獲利，求穩定必定是低風險、低獲利，你當然求不得是低風險、高獲利，但沒有白吃的午餐，若有也八成是有誘餌的陷阱。

世上肯定沒有完美的工作，你要高薪、不加班，也得要三節禮金，若有如此完美無瑕的職位，會輪到你嗎？世上永遠都有比你更優秀、更有本事的人搶在前頭。認清事實，在工作轉換的捨與得之間，也持續努力。

二十五歲後，好公司、好職銜是幫未來加分

在三十歲前找到感興趣的工作其實有難度。找到好公司、為未來鋪路的好職銜，對於往後拉高薪酬、職銜加冕，甚至是跨產業求職，都有相當大的助力。

更何況，許多企業及品牌尋求人才，大多會打聽及參考求職者過往的公司單位及職銜，用來評估其能力及履歷可信度。一般來說，大公司任職經歷會比中小民營企業、個人工作室更亮眼，其次，部門人數與工作績效，也會作為求職者薪水調漲幅度的考量。越能獨立完成的任務、越是專業難取代的職能，越能談出好薪酬。想要一步一腳印地往上爬，年輕求職者要注意公司及職銜，優異的履歷肯定如虎添翼，工作才可能越換越好，這些都是重要的鋪陳。

三十五歲後，抬頭看得是入自己口袋的數字

三十五歲，才算是真正開始論實力的序幕。三十五歲的職銜，只是自己過往的本事及招牌，不再是工作上要拚命拿下的第一順位。三十五歲的後青年，你要確實把握的重點該是「進帳口袋的數字」，妥善理財、正視投資。不說「三十而立」這件事，是因為畢業頂多不過五至六年，要你存到第一桶金、結婚生子、成家立業，似乎也不怎麼實際。

過去一切的好壞都已是過往，沒必要糾結和念念不忘。現在就是開始的起點，將技能兌現，才會有倒吃甘蔗的日子。

7. 職場旅途上，別丟失防老、防笨的赤子之心

這輩子，你預計工作到幾歲再退休？你預期活到幾歲？如果是六十，距離八十歲仍有二十年，這中間的二十年，你對自己有什麼期許，想過怎樣的生活？若有滿滿的期望，是時候回頭來審視你的當下。

許多三十多歲的上班族認為越早退休越好，可以早早享清福，含飴弄孫、環遊世界、追逐年輕時的夢想。殊不知，提早退休反倒不是件好事，長時間待在家

裡沒事，跟兒子媳婦大眼瞪小眼，久而久而彼此關係出現嫌隙。老人開始嫌棄年輕人不懂事，而年輕人覺得老人總在家胡思亂想，成了食古不化的老骨董。兩個世代產生隔閡也是必然。

反過來看，別覺得無法提早退休是命不好，是上天不公平。活著就要有工作收入，這是為了確保生活品質，先有生活再來談如何過好日子。認定六十歲就能順利退休，入帳的存款到六十歲為止，卻也得考量壽命到達七、八十歲時，這段時間該如何維持生活品質。當自己沒有存款，更沒有持續進帳的收入後，只是增加年輕人的養育負荷，二代除了照顧三代，還得照料上一代，年輕人還能更疲累嗎？

你沒有本錢不懂事，更沒有理由懵懂無知，而且不要倚老賣老

迎接後三十的中堅分子時代，認清自己不是當年的小鮮肉、小仙女，你沒有本錢不懂事，你沒有理由懵懂無知。當了主管，無論年紀及階級，都得接納新世

代的年輕人，培養他們成為優秀的接班人。我們能做的就是好栽培他們，指引正確的路途，適合的建議能讓他們少走點冤枉路。

年輕的我們，都聽過上一代教授的「惡的傳承」，甚至深受其害。這些人惡劣對待年輕下屬，甚至是來實習的孩子，仗著「我們以前也是這麼被對待，還不是走過來了」的說法，但這聽來憤憤不平的原因，不過是一種賭氣，更造就了企業慢性惡化的毒瘤，逼走優秀的年輕員工。組織及公司的潛規則若只是「倚老賣老」，任由老鳥仗勢欺人，只會讓人才走盡、企業倒閉。

資深工作者們，若在意並關注自己的職涯發展，當然會害怕被市場淘汰，這時要培養第二、第三技能，因為難保一份工作能安心做上五年、十年，就算想要安心退休，你能做的就是好好順應趨勢，也同時讓自身價值變得不平凡，持續調整自己的定位：

- **找出後三十價值**：除了專業，得看清職場上的新趨勢，學習年輕人的語言、明白數位社群，熟知專業能力如何增值，不守舊也不賣老。

● **找出後三十氣度**：扶持新世代的組織人選，讓年輕人有機會爬上位，放手讓他們學著做、學著管理，這才是有長遠計畫地造就人才。

● **找出後三十位置**：下一個十年，你會站在哪裡？而你的穩定收入、存款及投資理財，在二十年後可以擁有多少數字？思考未來的定位，就也看清當下所站的位置該走向何處

心態越年輕就越幸運，職涯也越走越輕鬆

無論平時工作如何忙碌，終究要回歸平凡的日子。想要穩定收入，又想讓生活有相對應的品質，就得擁有一分風險低、擅長發揮價值的工作，你不僅要擁有多工特質，也得保有年輕活力、嘗試學習的心態。

在多數人的刻板印象中，正值壯年的工作者是職場的中堅分子，三十一歲到四十四歲的人產值較高，但就行政院的就業統計處數字看來，這群人脆弱不已、失業比例高居不下。離職原因多是和主管處不來、與年輕同事格格不入、有人選

擇自行創業，有人甚至一年換超過三份工作。

然而，時間讓我們成為資深老人，但不要讓年紀為你做決定。認真思量未來的自己走向哪裡，現在做的事對人生規畫有多深切的影響？在職場上保有不失活力的年輕心態，掌握自己在就業市場的關鍵因素及價值，別排斥任何學習機會，多工好過於單工，專一還不如多元。

職涯要越走越輕鬆，生活也該越活越精采豐富。日本、歐美等國家的工作者，為何一路到了六、七十歲仍在職場生龍活虎、與年輕人打成一片，骨子裡的「不服老」才是真正的年輕關鍵，不要讓年紀限制人生，不要讓別人定義什麼年歲該做什麼事。若有相對的能力來因應現下的多變環境，就不會被職場所淘汰。

8. 幸運上門、薪酬翻倍，培養自己成為大有可為的貴人磁鐵

小美在一家傳統家具店工作長達五年，有一天她對身旁好友半開玩笑地說幫她留意新工作，結果還真的得到一個電話上的面試機會。來電面試的是她前同事的姐姐所屬公司的人資部，詢問是否能電話上英文面試，也詢問最快何時能上班。勝券在握的驚喜讓小美心動，但她卻忽略到是哪家公司、何種職銜，甚至連產業也不清楚，一心想要快速離開舊東家，卻忽略了其他重點。

幸運來得太突然，新公司是個外資成衣廠，需要幾名主管的職缺。小美拿到過往兩倍的薪資，每天辛苦加班長達十三小時、每天開日夜顛倒的會議。儘管身體難受，小美看在錢的份上，或許忍耐也不成問題。上天眷顧，她安穩地做了四年，心想做到退休也許沒有大問題。然而，這般好運突然夭折，她賺得多也花得多，成衣廠面臨景氣差、獲利低而關閉，裁員來得讓她措手不及。

都這個時候了，她責備的竟是前同事，怪對方介紹她沒保障的爛工作。禍不單行，她的身體也在此時亮起了紅燈，但先前花錢如流水的自己也未存下什麼存款。叫天天不應、叫地地不靈，三十九歲的她面對這樣的困境，頓時不知道從哪裡開始努力。

自省了二個多月，並尋求朋友及前輩們建議，小美調整身心後回到熟悉的家具產業，她選擇更踏實地面對每一天，甚至珍惜這份工作的安穩感，業績翻倍成長、表現認真的她很快地就得到主管的青睞，一路晉升為品牌總監，薪酬與獎金更翻倍。現在的她回望過去，感觸良多，大家都佩服她能歸零出發的身段。幾度風雨過後，才得以撥雲見日，她覺得特別安穩實在。

幸運來得太突然，下一份工作有機會改運？

切換至新公司、新工作，大多是因為更高的薪酬及福利，而多數上班族不滿意現下的工作及薪酬也是常態。對於未來的一年甚至三年內是否仍待在同一處，沒有人能保證絕不離職，不見異思遷。

有時，朋友不清楚你的工作屬性、職務與職銜期許的現實需求，而你若勉為其難去試，最終也會卡在人情債與薪酬過不去。為了避免讓自己有過高、不當的期待，轉職時也不要以朋友推薦的工作為優先考慮，更該以自己的專業條件去尋找適合的職務、理想薪資，理想工作的踏實感更能讓你堅持下去，短期換工作的機率也會降低許多，若只靠朋友推薦，不僅風險高，可能還沒保障。

當工作內容、風險整體理性評估後，越低，才是真正有利！

當你是個「咖」，就會吸引眾人目光，這些人想要接近並探究你的成功祕訣。

企業若要挖人才，通常會請仲介獵頭去尋才，或直接請人資詢問你跳槽的意願及期待的薪酬，讓你多方考慮。一旦因條件而感到心動時，就有可能被綁架，搞不清楚條件的優劣，還有一些未明文寫下的合約條件，也是你得要納入評估的內容，如公司對你的期望、職務上的未來發展等。

- **到達之前，重點放在「得到」，而非純粹在乎「損失」**：確實評估實際風險，也釐清自己對於「好工作」的定義，而這當然也因人而異，沒有絕對的答案。要多方考量的，如薪資高但很難加薪、福利好但離家路程兩小時、大企業品牌但升遷不易、發展舞台大卻挑戰特高的剛上市公司。
- **留下之後，你要待多久，視舞台上能發揮的空間**：讓我們長留一個單位的原因，當然不只是薪資數字，還有具備足夠挑戰性的成就感、主管或老闆的認可、個人的成長及熱情如何支撐工作動力。
- **久待之後，發揮專業，熟悉好過陌生摸索**：隔行如隔山，也請認清自己的能力及專業，近利或短線操作都不是長遠之計，只會浪費時間、耽誤職涯，畢竟時間也是你的職場成本。

真正的好工作不會自己送上門，需要自己多番評估。風險在你所能接受的範圍，工作內容符合自己條件及實際現狀，才是值得考量的好工作。所謂的「貴人」都在一旁評估你的經驗及能力，看中你未來可期待的職業發展。這世上才沒有天外飛來的好職缺，就要你馬上決定是否能報到上班。就算是貴人，也沒有人想砸自己的招牌。

肯定自己的價值，相信自己擁有力量！

奉獻多年，儘管主管或老闆再爛、腐敗體制多無可救藥，你總深信有了多年的革命情感，公司政策會改變，而主管會察覺自己的好，越是這麼想，就越是動彈不得、寸步難行，換來他們得寸進尺，只因為他們篤定算準你不會離職，認定往後沒有公司會要你。

旁觀企業中的那些資深員工，被不良或過時的體制控制、被慣主管或惡老闆貶低，面對惡質環境中的煎熬，仍會待在原地的「安逸圈」，習慣的環境讓他們放心待著，擔心離開後就算換個地方重新開始，難以面對不可預測的變化，而這些未知也讓他們焦慮不安。

想要打破這一灘死水，就要為改變現狀努力，先相信自己擁有力量、肯定自己的價值，再籌謀新開始。每一份工作的成就感，都得自己找，你得先夠努力，更好的出路及發展才會出現在眼前。在人生谷底卡關的人，不要再期盼「貴人相助」，別靠別人翻轉命運。打鐵趁熱，帶著自己勇敢走出，才有望立竿見影，走向光明的新開始。你是否有機會成為職場工作的真正贏家，關乎你想成為哪一種人。

9. 創業，就是過往歷練及人脈的總複習

二十七歲那年，我在台北百貨鬧區開了一間甜點店，生意不錯，光是賣著布朗尼、千層蛋糕，就風光地做了三個月。然而，我在第二個月其實就想收掉這家店，我後悔了，那並非我當下該做的事。

前期有朋友介紹，找到設櫃的場地，也因熟識朋友支持而未有太高的設櫃成本；蛋糕師傅及後場廚房，更是大力支援我當年二十七歲類似韓劇《咖啡王子一

號店》的憧憬，香氣十足的蛋糕香氣瀰漫整個百貨地下街，人潮一天上看兩百至三百人。大致來說，沒有什麼好挑剔，甚至考慮要擴大經營。

人潮等於錢潮，我和工作夥伴少有時間休息，現金入袋為第一考量。但是，我不會控制毛利及成本，甚至錯算次日上架的蛋糕總數，直到第一個月統計盤點時才猛然驚覺數字對不上。初次開店的我不僅沒賺錢，事實上還虧本，甚至還賠上體力及健康，日漸消瘦。後來，還開始厭倦全是蛋糕的生活，一心想要休假；沒客人時和工讀生面面相覷。

每天開門做生意，就得面對現實的打臉。就算不談多少客人上門光顧，光是水電費、人事管銷都壓得我喘不過氣，面對周轉金不足、健康亮起紅燈，拉下鐵門也是預料中的事。

沒有萬全準備，千萬別意氣用事創業開店

隔行如隔山，背後若欠缺萬全準備就創業開店，也只是浪費人力、時間及金

錢，甚至還莫名其妙要扛起債務，五年、十年之久都有可能。

許多年輕人上班厭世，認為天天看人臉色是長期地傷害自尊，與其讓錢進老闆口袋，不如自己賺，不如來創業。然而，不成熟決定，更是讓自己斷送前程，就算倒店也只能摸摸鼻子，這個悶虧只能怪自己了。創業失敗的五個主要原因如下：

●**天時**：最好的年紀，做出錯誤決定，彷彿武功沒練成，就想出師來證明自我，運氣再好也有消磨殆盡之時。

●**地利**：選了錯誤的地點，高投入並非總是高獲利，相對要承擔更高的風險。沒有策略的一步棋，只是十賭十輸。

●**人和**：人事管銷費用最燒錢。老闆的時間也是成本，不知如何按計算機，也會讓人越做越倦，毫無停損點。

●**周轉金**：創業資金背後要有半年至三年的周轉金，否則支出都將是驚人的赤字，錢是最重要的資本。

乏人問津。

●市場流動趨勢：面臨判斷失誤、消費習慣轉變，再火紅的店家最終也可能乏人問津。

如此可見，若不欠缺妥善的長期計畫，也終究會敗在不專業的人為失誤，創業者的心態穩健是最重要的關鍵，而資金到位、掌握市場的前瞻性與永續性也是必要考量。

朋友消費一次看面子，二次回頭才是真本事

創業時朋友到現場光顧不僅是實際的支持，也是鼓勵及祝福。時間一久，朋友不再回頭購買，甚至害怕接到你的電話或訊息，就該檢討背後的成因是什麼。看在面子上，做人情能支持一次，但長期回購才是產品的實力。

創業做生意，羊毛出在羊身上，儘管人情好使，長期打著面子做生意，路走得不遠，這種期待更容易受傷害。千萬別以情感勒索來作為手段，這種賺錢的方

式終究有山窮水盡的一天。

驗收朋友圈：要交朋友，就交有素質的資深老友

任何人都能創業，但創業成功的要素之一，就有賴朋友的結構及影響力。年紀稍長的朋友相對有資源及人脈，也會帶來較大的商業契機。多數人交朋友重視當下感覺，背景、想法與思維，都容易趨向「習性類似」的同溫層。然而，許多領域的傑出工作者，往往對事務有獨到見解，在交際圈有影響力，也同時積極建立和長輩、前輩般的亦師亦友關係。

這些亦師亦友的「老」朋友，除了對於專業領域熟悉，做人也玲瓏幹練，在業界有高度影響力，交朋友的來往人數以「關係經營」為前提，背後驅動的動機卻是「追求成功」。相對而言，多數的年輕創業者和年紀相仿的同儕來往，在乎對話頻率相同。若和年紀稍長、正經八百的長輩往來，只得畢恭畢敬，言談的邏輯和議題卻不對盤。事實上，有影響力的前輩，一句話「喊水會結凍」，所以除

了自己外，到底誰能決定年輕人的未來？

其實，就是這些讓年輕人覺得有距離感的長輩。能成功創業，肯定有不能言說的技巧及竅門，想要得到最佳機會及建議，如「貴人」一般的長輩往往有很大的助益，甚至是事半功倍。讓自己被重要人物瞧見，就是資本主義下的潛規則。別再空想，建立真正有用的人脈，最好的建言及協助往往來自「長輩」、「職場前輩」，選擇與貴人密切來往，有意識地拓展、深耕人脈，別說是創業了，更有機會扭轉人生。

10. 垃圾人脈斷捨離：消耗心神的關係，不過是本無用的電話簿

二十六歲的Rick在公關公司已工作二年之久，他熱衷藝文事物、行事作風犀利，每次舉辦任何時尚派對都可見鎂光燈下眾星雲集，盡是當紅的網紅及部落客、有社群影響力的專業人士們，這些人不辭千里出席，旁人都稱羨他的魅力及好人緣。

某天碰巧遇見當天生日的Rick，他正打算去敲主管的辦公室大門，想要談升遷加薪。他盤算的是正好將客戶的案子結案，正好趁此時爭取機會，生日的時機

再適合不過了，期待能這一天能好事成雙。不料，主管早知他的來意，以「年終前再說」先行婉拒加薪的要求，並表示 Rick 仍需要更多磨練及學習危機處理的經驗，而晉升主管職再晚也是接下來幾年的事。

他氣急敗壞，惱怒地認定主管的理由盡是推辭，而他如此盡心盡力為公司辛勞投入一切。然而，凡事都有其他的切入視角，說到底，同事及主管沒有人不辛苦，任何人都是全力以赴，達到目標。公司片刻不敢虧待員工，為留住員工的心，加班費及餐費補助都到位。但是，同部門的資深同事卻不屑他的作為，背後的真實原因是大家得輪番幫他善後，客戶也抱怨他的粗心大意。

放不下自尊的他，當然不滿意公司主管的說法，而他的回應就是離職。同事無不感到意外，但也擔心這種「憤青」接下來會去哪間公司，又還有誰對他萬般包容。拿著公司的客戶名單想要另起爐灶，真的可以一帆風順、水漲船高嗎？

答案是：未必！跌得更痛、代價更高。

公司沒有你不會倒，但你沒有公司會跌跤

成為一位重新投履歷、重頭來過的求職者，若沉浸於過往的意氣風發、居功自傲，也只不過是一廂情願。換言之，從前和誰有多穩健的關係、多密切的交情，他們也看不見你的狼狽不堪，更不會為你雪中送炭。手機裡存有再多的電話號碼，最需要援助時若沒有人協助、有意願為你介紹好工作，那終究只是無用的電話簿。

看透人生，就求自重自愛，好好把握目前的工作，景氣不好時端好自己的飯碗，抱怨及自以為是少一些，為自己努力做出好成績。有成績再談、有本事再來，認清自己的角色及立場，才是實際。

頻率不同，做再多也是多餘

江湖上走跳，你得有本事做人。離開舊公司，所有曾經的榮光都得要歸還。許多人仗勢自己的漂亮職銜、優渥薪資就有了大頭症，迷失了自己，說話得理不饒人，甚至欺壓弱勢。待風水輪流轉，輪到你成為落水狗，這處境也只是剛好而

已。這種種的「不懂事」，往往發生在莽撞的菜鳥年輕人、傳統產業的窗口，以及老闆寵壞的資深慣員工身上。當這些現實卻不留情面的人吃了悶虧後，收起過往氣焰高漲的態度轉身回來套交情，只是再多補救也於事無補。

閒置的朋友及人脈，留著也是占空間、勒索自己

職場上會不時碰到稀奇怪事，每個生活圈及職業各有同溫層，接觸人事環境不同，看法也各異，解決事情的方式、對應的溝通模式也不一樣。

職涯及人生路上，看見其他人過得比自己好，我們就默默祝福、由衷同慶；若看見他人過得不好，不見得要讓淌渾水，考量自身能力，不須自不量力去幫忙。若自己「做太多、管太寬」，只會陷入死胡同。不要以種種壓力來勒索自己，就為了成全他人。

不再值得聯繫的人，勇敢地斷捨離。這不是因為冷血無情，而是已欠共鳴。適時地掏空、重整，才能讓新的生活、新的朋友、新的事物走進自己的人生，何嘗不是自己豐富多采的全新開始呢？

Part 4

位

30好好過，過去的經歷都將是未來的養分

1. 我們不必是朋友，職場保持社交距離才是美德

職場上的關係，得要長期花上一些心思經營的互動，小心翼翼、相敬如賓已是必然。只是，有些人即使花了時間及力氣，終究被嫌棄到臭頭，怎麼做都不對、不甚滿意，導致自己懷疑人生，認知糟透了、無藥醫。

Maggie 三十歲那一年換了工作，由總公司特助爬升至管理部擔任行銷主任，一路走了十一年時間，忠誠於同一份工作，忠誠於同一個主管，原本意氣風發，

但最終變成灰頭苦臉、黯淡無光的悲戚上班族，每天進公司就釘在座位上，一坐就是三至四小時，不時覺得自己很差勁，怎麼拚命表現都無法讓主管稱讚、認同，還要不時被主管照三餐責罵，即使不說話，主管厭惡的眼神都會讓她默默泛淚。

難道十一年時間中，她都沒有想要辭退嗎？Maggie 對我說，主管是看著自己成長的啟蒙恩師，如果自己都這麼差勁，還有哪家公司願意收留？甚至，薪水也不會太高、有展望的未來也輪不到自己。於是，她死咬著這份工作，主管也會不時碎念，一再表示 Maggie 能在這個企業工作是 Maggie 的榮幸，甚至語帶威脅地表示是自己為 Maggie 爭取，才有她如今的職位。

每一天接收負面、消極訊息長達八至十小時，每年被如此病態的關係消耗，十一個年頭就這麼陰鬱地浪費了。在日復一日不斷被挑剔、貶低的環境當中，充滿自信的人也終將失去勇氣，充滿能量的人也總會六神無主，欠鬥志的工作心態有如魂不附體的喪屍，被命令所驅使。最後，還是因為丈夫因工作升遷調整工作地點，Maggie 才辭去工作，徹底從這場噩夢醒來，展開全新的生活。

離開半年，她才也深刻明白，不是自己有什麼嚴重的心理問題或欠缺工作能力，病灶都是自己的女主管。當時的她只知道一股腦兒地投入工作，並不明白什麼叫情感洗腦、情緒綁架，後來才明白，有些人的確會病態地以責罵的高姿態來強調自身的職場價值。

以「正義」為名的職場魔人，多數欠缺自信和能力，以「磨人」得到爽快

這種透過貶低、欺壓方式來降低他人存在的人，無論主管或同事，成因多是原生家庭及校園教育使然，他們往往長期接收了類似「你很爛、你很糟，你就是錯的」，沒有一件事情順著他的心意，未能得到認同和成就感，於是耳濡目染之下也認為只要挑剔別人，用消極的辯論壓榨真理，才能證明自己。

批評、折磨他人，在他眼裡是得到快樂、看見自我價值的捷徑。貶低別人就能得取高權，被矮化的人就能順從自己的命令，引導對方掉到精心籌謀的布局，這樣就可以控制對方，讓對方乖乖聽話；假設對方反骨、不順從，他們就會再使出更高一級的怒罵及言語威脅，說是惱羞成怒也好，亂了手腳也罷，只要用力打

擊你的自尊，直到你的自信心全然瀕臨崩潰，非要看你如任人踩踏的爛泥、看你顏面盡失，才肯善罷甘休。

工作不好可以再找，但身心出了問題就有可能造成一輩子難以癒合的傷害。不管身處何種年紀及階段，健康才可以讓你延續更長遠的職涯；沒有健康，有再多願景也只是空口說白話。切記，不要長期和消極數落、過度挑剔、打壓你的人相處，時間一拉長，精神沒崩潰也只剩下半條命。

工作上若失去表現水準，若始終找不到問題的根源，或許換一份心安理得的工作，調整步伐再出發，你會比較快樂、自在踏實些。

工作不是人生全部，但人生的全部是生活

在人生的每個階段，「工作」二字的定義都不盡相同。剛出社會時，工作是為了證明自己有能力賺錢來維繫生活；數十年後，工作是為了增進生活品質，平衡收支開銷，甚至用來促成長遠的計畫；退休前後的工作，是興趣與實踐額外理

想的表現，不與市場及年輕世代背道而馳。

可想而知，工作多是以獲得報酬為第一考量，有餘裕再來妥善規畫理想生活，所以請務必健康、良性地保持正向心態。但生活中，肯定會遇到許多破人、破事，以愛之名打著「我都是為你著想」這種冠冕堂皇的口號，經常輪番上演不負責任的言論，結果讓人矛盾，搞不清是「保護你」還是「控制狂」。

職場上維持社交距離，關係才會走得遠

職場關係就留在職場上，不必晉升為生活中交心的朋友。在同個環境，有大致的目標及共同利益，也有同樣的同事及主管，難免因為自身背景與經歷而產生衝突，好比一言不合的唇齒，再有默契也總有不小心咬到的時候，更何況是朝夕相處共事的人們。

下班了、休假了，就停緩工作上忙碌的節奏，也暫停令人煩躁的職場關係。工作永遠都做不完，但你能未雨綢繆，依「輕重緩急」來計畫出場順序。在休息

時間，學會與工作上的人「暫停聯繫」，放過自己的同時，也沒人應當要苛責。這不是你的公司，做到好、做到滿，主管、老闆也不會特意感激你，只會被認定在本分做得好。不如，在工作的期間好好做事。

適時適地切換個人的工作心態，有開機、關機的時候，讓自己能走得更遠，也更健康。與各路的工作夥伴保持一定距離，這是「自愛」也是「自重」，公私分明的狀態，能讓自己「進退有據」，知己才能知彼。

2. 矯揉造作談不了大生意，捲起袖子接地氣，正是賺錢軟實力

時下年輕人都熱愛追求時尚，最新流行的當季服飾及配件，樣樣都要追到手，好上傳社交平台來炫耀自己走得多前面，這是一種想要令人稱羨的虛榮心態。講到這裡，不得不與大家分享我的一位在時尚雜誌擔任廣告業務的朋友Sara，這行做了快十五年，她的名字等同「時尚雜誌」，旁人都只得羨慕地說：

哇，好好喔！每天一定穿著光鮮亮麗、全身名牌，猶如電影情節一樣，高高在上的姿態，使人嚮往。

這行的人是不是都很有錢啊？感覺做這行，月入一定都數十萬，連吃個飯都是上高級餐館，哪瞧得起小吃店呢！

但她跟我說，出社會多年後，才知道這份工作是「假象」，與現實生活、實際職銜相差十萬八千里，工作內容實為「賣廣告、賣封面封底、賣書中的廣告置入內頁」，如此得來的抽成獎金才能讓她不喝西北風，至於無時不刻的時尚、風光，都讓人日子過得不踏實。更多時候，接觸品牌及客戶，業務還得看淡旺季、有沒有刊登預算，但其中也包含了有沒有品牌窗口的眼緣、對客戶有無進退合宜。除了專業，這行的銷售還包括賣服務、賣面子，以及賣售後的交情。

換言之，每個工作階段的人設，其實都環繞在「服務他人」這四個字。你服務著自己的主管、老闆、同事、廠商，甚至與自己業務相關的各層級人員。那麼，你的任何情緒及決定，小至影響升遷與加薪，大至公司企業的營運及業務發展，為什麼有些人做得如魚得水、業績一路高衝，有些人卻愁眉苦臉、哀聲遍地。儘管外表西裝筆挺，內在專業十足，燒香拜佛也殷勤得很，但客戶終究還是不買單，問題可能只有一個。

你可能不太「接地氣」，他們認定你不是「自己人」。

「接地氣」原意是指有草根性、在地化，親近民生與貼近處境；換作職場角度來詮釋，暗喻的是「是不是同一國的人」，那意味著要有工作上的默契，理解這產業的語言及潛規則。要對外來的陌生者立即產生認同本來就不容易，你肯定需要花點工夫去找到彼此共同話題，反覆交流，才有機會被認定是「自己人」。

做生意不分格調，「顧客買單、商品出貨」才是真本事！

面對難以相處的合作對象、客戶，或是消費者，要消化對方高高在上的傲氣、不屑一顧的態度，就算覺得踢到鐵板、內心不高興，也只能多方費心嘗試，這是一個常態。若是工作越找越挫敗、一蹶不振，創業當老闆的人越做越灰心、抓不著頭緒，商品再優良、理念多美麗，最終也徒勞無功，背後的問題很可能是基於下方三個原因：

- **高不可攀的自尊、職銜**：職銜越高，越有架子，無法彎下腰，想要讓顧客買單，得先把高高在上的自尊抛下。
- **不是同一陣線的人**：不懂得適時調整心態，不懂入境隨俗而開始水土不服，自己難受，對方也覺得尷尬。
- **打從心裡就不認同**：對於工作內容及商品本身、公司經營理念，不認同也得過且過，買單的人自然感受消極及敷衍。

可以謙虛有禮，但不要過度多禮

我們被教育為人得要「以禮相待」來表現高貴崇尚的品格、虛心受教的胸懷。實際的職場上，這種作法未必有人會買單，多數的「禮節」都是用來作為「不好意思婉拒」的人情世故。禮貌，並非官腔客套，而是客氣；客氣，並非全盤接受，而是懂得表態，其中也包含拒絕。

禮貌一旦過了頭，本末倒置變了惹人厭的矯揉造作。禮貌不是不好，而是背後或許缺少了誠懇的人情味，畢竟談生意的江湖，許多時候講求「往來實在、情義相挺」，不管外衣是否裹著蜜糖，裡頭的真材實料才是真實力。

巷口雜貨店的老媽媽、早餐店的老闆、連鎖咖啡廳或餐飲業，總是熱情打招呼、直喊著你的名，熟悉的人情味大聲叫住你的是內心令人感動的溫度。基於習慣或對人情的嚮往，我們對這種不著痕跡的熟悉，總是自然地買單。

生財之道得「縮放自如」，凡事都有可談的彈性空間

有些剛出社會的菜鳥說話尖酸，而長時間被慣老闆保護很好的老員工也自備「大排場」，個性沒有改變的彈性、過於堅持已見成了自以為是，表面上為企業著想、以公司權責利益為大局，但也只是以權位來刁難他人，以「公司規則就是如此」「我為人就是這樣直來直往」來當作傲慢的說詞。一旦有特殊待遇就開始

有大頭症，往往淪為最大輸家。當局者迷，權力的糖衣容易讓人慢性中毒，忘了自己是誰。

不必過分地謙虛多禮，但也不必趾高氣昂待人，職場上「縮放自如」是為自己的未來鋪路，積福就有遇見更多好人的機會。切記，有禮但必須真誠，有個性也不失調整的彈性，獨有想法但偶爾也要接納他人建言，生財之道的不變定律，第一條件你得認清：會做人，絕對比會做事來得成功！

3. 幹大事就得幹大的！與下屬相處得有大「格局」

最近疫情趨緩，朋友Leo找到了一份新工作，擔任部門主管。產業屬性與過往不太相同，隔行如隔山，許多事他只能詢問同事中的資深元老們。他部門下屬清一色是女性，他觀察到女性為主的職場，是非不會少。關於Leo過往經歷、私下生活及婚姻狀況，下屬的諸多提問有如身家調查，好脾氣的他已在發火的崩潰邊緣。新官上任的處境下，一個四十多歲的成熟男人對於下屬們的「起底」感到無奈，難以擺出架子拒絕互動。

上任兩個多月，他才發現這個位子半年就會開新職缺，而主管的離職率也相當高，而在他的主管職責之餘，竟也要負擔下屬的瑣碎工作。會做事還不夠，做人也不容易，組織內的「人」開始讓他吃不消。同事們常針對職位空降的他，私事被加油添醋，茶水間的閒話輿論紛紛。他下了第一道人事命令，以示新官上任的威嚴：「上班時間禁止逗留他人座位，閒聊非公事內容」。如此一來，下屬們的反彈更大，他與辦公室所有人產生更大的距離。

日子一久，他這個部門主管越做越偏激，對於所有批判的聲音過於敏感，工作重點是處理下屬、同事、辦公室其他主管的評價及閒話，但該做的職責總是掉球，老闆交辦的事項未能達成。本末倒置地，做好事是基本，做人是輔助的技能，他卻因為心結，無法好好專注工作，內心也未能獲得寧靜。

工作上面臨的許多壓力及焦慮，多數並非常態的公事，往往是岔枝的情緒。職場的辦公環境中，總有說三道四的人，也難免和同事意見相悖，但有必要因此鬱悶不樂嗎？饒過自己，將工作的重心放在職位的本位上，逆耳消極的惡言終會消逝，時間會證明真相及真本事，看戲的人認為你小題大作了，你也別隨之起舞。

無法正向成長的公司，大多出自「過度資深」阻礙「迎新」這條路！

許多與老闆一起開創事業的同伴、下屬，就是老闆的第三隻眼，幫助老闆掌管看不見的辦公室視角，公文要跑得快、請示命令要三級跳，第一關卡就是他們。想快速、順利地成功，你得要更有「討喜」的技能。

這些人多半都是認為自己有權、有功不可沒的勢力，他們或許沒有顯著的職銜及職權，但臨門一腳時，往往就需要他點頭來逆轉情勢。在職場上碰到這種人，只能避開他們，以和為貴，若是逼不得已要往來，必須儘早認清幾個前提：

- **不附和任何情緒意見**：他們只想找「證人」佐證自身觀點，無論他們是否有邏輯或立場。請收起自己的情緒，論事求簡潔扼要。
- **公親變事主**：這種人肯定不會讓自己當壞人，卻很會搜集資料來支撐自己所謂的「獨到見解」，好讓主管或老闆聽見最「獨家」的論點，而非大眾都知道的消息，所到之處就有是非。

● **毒瘤大多都是他們**：許多傳統產業、家族企業，在實驗性的體制改革之下，表面要求效仿外資企業的管理模式，殊不知都只是做半套。而那些被主管或老闆寵壞的慣資深員工，說好要邁向創意、擁抱新血，說來說去都做不到，看不下去的好員工老早就離場而去。

越在意，越是把自己逼到絕境

職場上不理會他人聲音及小動作，確實有點難度，但心裡明明都知道誰是鬼、誰是那個一直背後生事端的人。要自己克制怒火攻心的衝動，對任何人都是一場考驗智慧、運籌帷幄的博弈。「人和」就能皆大歡喜，一端失衡的破局，恐怕會讓自己往後難做事。對於有「小聰明」的下屬、比你更早進入公司的同儕，更希望看到你走入絕境，拉椅子看你的好戲，就看你如何化險為夷。

這種情況時常發生在空降的主管身上。許多心生不平的同事認為除了自己之外，沒有人有本事值得老闆的認同。就算表面上和平共處，也只是假象，最易不滿而「衝康」的兩種員工如下：

●**優越感超標的資深員工**：「我都做幾年了，你才來多久？」認定自己什麼都好、年資和優越感高出能力太多的人。

●**自認有傑出能力的員工**：常刷存在感，重視注目掌聲、討鼓勵的人。

無煙戰場的職涯，中間職位的主管，最是辛苦難當，也有最高的離職率。他們往往處於最為尷尬的立場，卡在老闆不想當壞人、下屬心智不成熟又難協調。只想扮好人，也想當好主管的話，建議的作法是：

●**數字化取代情緒化**：以「理性數字化」取代「感覺情緒化」。利用條列數字，理性去支撐「結論」的觀點。

● **小細節看人格**：日久見人心，讓時間佐證答案，相處一久就知道誰有實力及能力。

● **放手委派授權**：瑣碎大小事親力親為，到頭來只是消耗工作能量。將能量放在擅長的事務上，能交辦給下屬也能安然完成的事就放手也放心，讓老闆確實看見你帶領出來的核心價值。

4. 先求有再求好，完美主義只會害你無法跨出下一步

大家喜愛以簡化的類別來為分類，以星座來評斷人格魅力，好比是「雙子座擅長社交，適合從事互動性高的工作」「獅子座適合當領導者」「天秤座分配工作講求公平」。無論是真實描述或茶餘飯後閒聊，用來形式職場上工作者的關鍵字像是「認真負責」、「細節中找魔鬼」，甚至是「最愛加班的工作狂」等，都無關於星座，四字概括說明即「完美主義」。

三十五歲的Emma是一間時裝公司企畫部經理，由於產業屬性再加上總部設立於英國，對應時差只得有分秒必爭的工作節奏，她在會議上要求只講重點，二十分鐘解散報告；午餐十五分鐘吃完；發布官方的新聞稿中的標點符號也對「全形」與「半形」十分計較。沒有什麼事可以偷工減料，與她共事的同事們無不膽戰心驚，工作評價都是優秀、厲害等稱讚。但下班後、週末時刻沒有同事要和她往來，下午茶團購也忽略她，同事不會主動想和她聊天交流，能閃則閃，避開對到眼的任何機會。

誰和我一樣天蠍座？或上升在摩羯座，還是月亮在處女座的，舉手一下！

Amy你中午要不要跟我一起吃飯，順便討論下午的會議內容……

Emma尷尬了三分鐘，辦公室鴉雀無聲，只有敲打鍵盤的聲音，她頓時之間明白同事們並不想與她互動。儘管工作上與同事們都有合作無間的默契，但私底下卻沒有可以開玩笑或輕鬆聊天的對象。她摸摸鼻子回到座位上，她和隔壁部門主管訴説委屈，一説就流淚。「我只是要求工作品質而已，真有這麼討人厭嗎？」沒想到，這位主管回答她：「工作上，大家都喜歡與你工作，因為你追求極致、想得透徹，是值得交付信賴的人；但私底下，你太過於要求完美，和你相處嚴謹、呆板又無聊！」

夜深人靜時，她想起自己在職場上的位置，也承認她與同事們都友好，卻也沒有好到哪裡去，頂多是「各走各的路，不冒犯卻也不深交」，她有的，就是工作所帶來的成就，而不是可以講真心話的朋友。

完美主義者的「好的，沒問題」，其實背後正是大問題

有一種人都是認真到底，總是死也要達成「刀山油鍋」的艱辛任務，真心過了頭。沒有人在意他們完成使命前付出多少努力。然而，當公司營收不佳而預期縮編之際，默默耕耘的他卻被辭退，老闆不滿、同事不愛的他，為何會面臨這種窘境，原因如下：

- 你能力太好，旁人妒忌。
- 你從未失誤，同事備感壓力。
- 你無法求救，於老闆無用。

工作大小事，先完成，比完美更要緊

完美主義者對於日常大小事容易過度拖延，在細節上鑽牛角尖，抓不到目標，讓其他共事的參與者的努力付諸流水、事倍功半。這種人在追逐成功的道路上，往往還沒走一半，就敗在自己的吹毛求疵、挑三揀四，忽略「完成」才是該階段的重點。職場過度完美要求的人，「一事無成」的機率也偏高，對於一間要賺錢的公司產值偏低。許多任務求如實順利完成，而不是完美極致到了耽誤時機的程度。

過度自律，讓自己活受罪還是證明人生？

後三十的我們，該學習逐漸轉移到「生活」的關係互動。過往，你沒日沒夜地追尋事業成就，現在多吃點苦頭，將來好日子就多一點，不敢以「活在當下」當作過日子的態度。一開始的自律是嚴格執行，有些成效看見了，後來卻特別痛苦，讓你懷疑人生。

自律是適可而止的自我約束，並非過度地苛刻對待。套用這樣的模式，不放過自己，不饒過別人，以同個公式要求身邊的人們，無論是同事們、朋友圈、原生家庭的關係裡，這些「過度自律」的人大多都身處憂鬱的的牢籠之中，和世界越走越遠，總覺得自己很孤單，找不到存在的價值。凡事不要過度認真，「不錯」就很不錯了，不一定要「完美」，關係自然更加親密，日子越走越輕鬆，不是嗎？

5. 裝模作樣久了，離成功也就不遠，人生接著順遂快活

社會很現實，「階級制度」作為看待人事時地物的優先順序，我們不都是如此審視嗎？

有一次聚餐，在私立幼兒園當老師的友人Olive，席間分享他近期發現的一個特殊現象。每天早上七點半時，他就得在校門口家長接送區等候，迎接家長與小朋友入校門。開著名車的家長們多由園長、主任親自招呼，而這些家長也不時

會送上節慶餅乾或伴手禮等；至於那些步行或以腳踏車接送的家長則是由班級導師接待，園長和主任很少會主動迎接或打招呼，頂多微笑點頭。

同桌的朋友們，特別是那些有孩子的爸媽，點頭如搗蒜。確實，這種情況大家都以為只是電視劇裡的戲碼，誰知道會在現實生活中上演。後來，當幼兒園舉辦畢業典禮時，園長要求孩子們以抽籤方式上台表演話劇，而角色就交由園長及主任來開會決定，班導師一句話都插不上。這下子，孩子們的話劇角色得要如此大費周章地開會討論，但結果出爐時，他發現家長開著名車及進口跑車的孩子們都負責飾演王子、公主、國王、王后；其餘的都飾演僕人、植物、青蛙，甚至是南瓜馬車。

我們這幾個大人，一開始是笑了出來，但後來卻不得不擔憂這些孩子的未來，不解社會觀念怎會如此偏差。姑且不論跑車接送是否表示「身家背景」，孩子不過是無辜的白紙。然而，不以名車接送的家長如果知道這件事，又該如何看待此事？其次，名車帶來的魔力原來足以讓孩子享有「特殊待遇」，這就像是提早體驗消極的職場文化或社會階級制度，而且他們也還只是不到五歲的幼兒。

生活之中，階級制度下的差別待遇，我們身邊多得是血淋淋又寫實的案例。然後，他們如何看待自己，以及旁人看待他們的方式，一切都建立在「包裝出來的刻意形象」。例如，有個專業要指派一位行事妥當的對象，大家認定足以勝任的人往往都會是有良好形象、有家世背景的人。你還會認為這是一種偏心或觀念偏頗嗎？

這個社會是如此，我們很多經驗下也肯定是如此。精神抖擻有信心的人，比意志消極的人更有說服力，而西裝筆挺的帥哥，比隨興邋遢的男人更容易吸引目光，更容易成交頻率相近的高端客戶，理由再實際不過了，因為他們當你是「自己人」！

承認吧！這年頭，有錢的人更有錢，成功的人更成功，貧窮的人只能瞎忙

上天賜予的外貌及家世，我們無以改變，也沒必要怨懟。不過，在現實的社會中，也有些人可以脫貧、跳脫上一代的瓶頸，因為從小窮怕了，不喜歡「拿人

手短，吃人嘴軟」，提早認清經濟獨立，更能自在、自由。於是，他們有改變自己的動力，不被身邊「不想努力」的同儕影響，破窗走出了自己的未來。

想要脱貧，是為了讓生活品質更好，你得扔下過去的包袱，變通思維。説是「裝模作樣」，倒不如説是「提前預演」，若是你想從配角當上主角，人生踏上截然不同的路途，你的想法就能決定下一步動作。

好運氣，説來也挺現實的；看你信不信「改變」二字！

有的人找不到好工作，便開始抨擊是老闆不好、企業爛、薪水低；找不到好對象結婚，便説單身自由、孩子的負擔壓過天；存不到錢，便開始感嘆經濟不景氣、銀行利率低。總是怪老天爺不公平、神佛沒庇佑、時運不濟，自己才會每一輪都輸在起跑點上。

就算原先的條件如此不堪，還是有人能找到機會，更有少數人脱穎而出、出類拔萃。從工作上的付出獲得薪酬，支付日常開銷，改善生活品質，是每個人一輩子都在持續進行的事，那麼你能做得更好的是什麼？你得先有讓日子變好的心態，行為舉止上表現「過好日子」的積極動力，除了自身有信念，也讓旁人認定你努力能幹。先有好心態，才有更多好機會、好運氣，好事無不逐漸發生。

6. 別讓自己的經歷與年紀，成為故步自封的老人話當年

現在的年輕人真的很難帶，不像以前我們那個年代，誰敢反抗啊！想當初，我一個人負責三個案子，幫公司扛了一千萬業績……

一天下午，在公司附近咖啡館與客戶討論專案，來了廣告投放商的一位資深主管和一位剛畢業的新鮮人。連休假期即將來到，時間軸的掌握度必須更為明確，

雙方輕鬆喝咖啡，卻也必須做足功課來執行方案。新人第一次加入專案，簡報過程十分緊張，甚至內容落掉幾個重點、甚至算錯預算，這時一位資深主管A以難聽的字眼破口大罵，完全忘記自己在公開場合，而身為合作對象的我們也在場。

為了緩頰，緩和現場尷尬的氣氛，新人不疾不徐地將幾個錯誤做記號，立即調整更正，而另一位主管B以閒話家常的節奏，開口說了一個玩笑話，試著讓我搭上話。「你是不是也覺得年輕人的抗壓及臨場反應，真的不如我們能如此舉一反三，可能是吃太好的關係，他們腦子都不靈活了……」語畢的空氣頓時凝結，新人眼眶已泛紅，但她將委屈與苦楚強忍吞下。

我想了一下，回應兩位資深主管的評價。「記得我高中時，數學被當過兩次。但在我三十歲那年，坐上國際品牌經理的位子，負責大中華區的行銷及業績，在這之前，我每天都要自己摸索答案，就算老闆和主管從不建議，只看報表來逼業績，你說我腦袋靈光嗎？如果我不靈光的話，主管為何還要協助我？當時我每年幫公司賺進的金額是千萬。你們覺得，真正不靈光的是我，還是老闆？」

新人嘴角露出微笑，感覺到我替她緩頰，兩位主管也安靜，為自己的「失態」

舉例，尷尬臉紅而不再說話。

我們都曾年輕過，誰年少不犯傻？

有了年歲，曾在職當主管、在家當父母，看待孩子、菜鳥下屬的行事，難免覺得年少總是懵懂無知。不過，任何人都年輕過，初踏入職場，既期待也擔心受傷，深怕自己搞砸、惹得同事討厭，若遇到嚴苛又無法溝通的主管，日子更是艱苦。我們也曾是別人的下屬，也當過職場菜鳥，我們一心想做好做滿，卻難免被責難，換位思考有其必要。就算是身經百戰的主管，也難以做到盡善盡美的地步，面對他人的過錯，要給予成長的機會，你的雅量終將換來對方的成長。

過了三十歲後，我們要認清一件事：「年輕人才是未來重點」。時代趨勢日新月異，年輕人們的語言總有讓我們疑惑的斷層，我們是該花心思瞭解並向年輕人學習，保持好奇心才能讓人不被淘汰。若成為難溝通的資深長輩，總板著臉、自視甚高，別說年輕人和我們的距離，就連同儕都要嫌棄你食古不化了。抗拒成長及學習，才是無法面對社會現實的人。

不要成為你當初最害怕的那種躺平的無為老人

過往功績提一次新鮮，提兩次就無趣，提第三次就只是多餘廢話。自認年輕時優秀又多棒的資深老人們，失去了聚光燈下的注目，最後只能話當年勇來刷存在感。殊不知，儘管帶著過往不可抹滅的功績，也別忘了此時此刻的舞台不再是當年的樣子，也不必以「一代不如一代」嘲諷現下的年輕人。這種話說多了，也只是反向地證明自己已老去的事實，真的只能贏在「年齡大了一點」嗎？

二十出頭找工作，專注自己的強項，讓旁人看到自己的優勢；三十歲後換工作，把自己當成一位多種專業都涉獵的「全才」。如果只是純粹的「獨才」，你的單一價值在求職市場可能一文不值。資深又早已躺平的職場老人若是不願改變，被打入冷宮，不被年輕優秀的工作者重視，甚至被取代，都是預料中之事。稍有經驗的工作者，你可以繼續花時間談當年勇，但也要能花一些時間求進步，用那些氣力和時間來精進自己的本事。

7. 旁人最稱羨的美好勝利，不如自覺得夠好的自信

走在人生旅途中，一段路的好壞不是絕對。職涯少說四、五十年時間，儘管會走錯路、迷失方向、蹉跎光陰幾年，仍舊能從迷途走向正軌。時間不等人，青春也不會滯留，那麼，日新月異的現今你能把握的可靠籌碼是什麼？正是一個人的自信，可以讓你充滿無限的可能性，你在別人眼中看來，或許有不可多得的優點，甚至是寶藏，你得帶著「自信」這把鑰匙，去開啟人生這扇門。

在電子公司工作六年的James個性文靜不多話，總是默默自己完成工作，順從主管的指示，在同事及主管們的眼中就是一個可靠又值得信賴的同仁。只可惜，他在季度結束之際，收到人資部門來信，通知他公司不再與他續簽合約，並以「不適任」為由資遣他，身旁的夥伴及主管們無不訝異。

但說來奇怪，他始終不埋怨或憤恨公司的安排，臉上也看不出什麼情緒。他私下卻表示：「老闆認為我太安靜，花太多時間投入一件事情，整體看不出產值；不景氣，我就配合公司進行人力縮編，所以也不太在意被資遣。」

當他休息了半年後，有天找我幫忙他看履歷。當然，我只是給出方向建議，並不能替他直接論定。於是，花了半天時間，我從他過往的工作經驗及履歷、甚至私下興趣，發現一些他自己與旁人都沒看見的問題。很有趣的是，這些問題大方向都不成問題，只是看法不一樣、切入角度不同，導致結論也肯定不會絕對相同。

作為一個圖文不符的產品：專長是電機，興趣是文字？

他在同一間公司做了六年，不求升官發財之路，只盼一帆風順、只盼讓主管看見他的努力和勤奮。於是埋頭苦幹，面對自己專業的生財技能，認定這份工作內容就要一直做到退休，不曾懷疑自己，不曾質疑人生。但James明白自己不喜歡只寫程式、馬不停蹄地畫著電路板。後來，他想從電機工程師的工作轉換到自己感興趣的文字企畫，但又怕被同事笑話。而我的建議是：

- **同門不同類，用興趣支撐專業**：在同個領域耕耘數年，工作內容再熟悉不過，也有較大的機會得到一番成績。不過，感興趣的熱情更是支撐前進的動力。面對職涯轉換，請先思考要「移動部門」還是「轉換產業」。差別是仍在同產業的多元工作，另一個則是重新歸零的轉換跑道。兩者的風險及投報也不盡相同，後者不適合求低風險及高報酬的工作者，若不願意冒險的人得多方考量。
- **開創另一個多工新技能**：有機會請嘗試更換部門。以公司的資深員工們來說，保有學習心態及勇於嘗試是許多老闆樂見其成的狀態。首先，不必再徵才補缺，新人對於適應公司體制的過程，都是時間成本；二來，讓員工有空間選擇多方發展，就公司長遠來看，員工持續學習更是無形的資產。

對於存在感低的職員，每一天都是被裁員的好日子

面對公司突如其來的裁員或人力縮減，多半不會直接歸因為個人能力，或是公司目前處境艱困。可能的成因多是更大的環境因素，如市場趨勢轉換、景氣不見復甦、產業ＧＤＰ衰落等。然而，公司改組縮編、甚至減少不必要的人事成本，往往描準那些存在感低、欠缺績效的員工。

或許當下自認自己倒楣透頂，但說不定旁人正在羨慕你有離開的機會。往往，我們沒有好理由說服自己改變，甚至可以順利走人的時機，倒不如將此危機視為轉換跑道的轉機。被資遣還是失業的人，都請認清一件事情：自信心，使你持續保有價值。即使身處一座高山，總有一天得走下山，才能再邁向另一座高山，

創建自己的紀錄。

對於職涯抱有實質期許，更能保持前進

「人無千日好，花無百日紅」，如果你總是害怕別人看見你的弱點，倒不如借用這種的心態讓自己改變。學習經驗次數少，成長也相對較少，這是常出現於主管及資深員工職涯上的困境。相較之下，有一派的人非常在意自己未來或長期處於劣勢，所以重視並培養自己的「成長心態」，只管學到什麼，反覆檢視自己的不足並加以改善。以長遠的時間來看，有機會成功完成目標、從危機當中學習並尋得轉機的，就是這種有積極「學習心態」的人。

人生中，記得做好兩件事：一，保有樂觀不敗的自信心；二，持續前進就對了！

8. 三十歲後找價值，你得要會思考、膽子大，還要不怕改革！

每天上班就等午休，下午就開始等下班，事情總是做不完、會議從未停止過，就連週末或假期都會接到主管或老闆的電話，可是已經有好幾年沒有調薪、升遷。就算有調幅薪資，絕對也是使人鼻酸的程度，心裡想著倒不如不要調，何必呢？疫情過後，所有民生必需品都在漲，加個十元、十五元乍看不多，精打細算的人內心有譜，知道這時薪資變少了，物價變貴了，等同於減薪啊！

時常，很多年輕朋友跑來問我：「你覺得老闆什麼時候肯幫我調薪？我可是一直都很拚耶！」

我也會一律這樣回應：「你很拚，這本是應該的，只是老闆沒有發現你有價值，他沒看到你的未來。」

不願多元思考，只顧拚命盼望被看見

無論老闆有沒有吭聲，別認為他都沒看見你的拚命、勤奮，其實這些都是你該做好做滿的。至於調不調薪、升不升遷，屬於另一碼事，兩者更是不能相提並論。假設你的拚命是已知，老闆決定調薪卻可能是未知，你得明確讓老闆看到你的未來，有想像空間；其中包含你的增值空間、成果展望。有趣的是，很多上班族問題就卡關在這裡，堅持認為拚命就該有高回報，想要被老闆認可價值，必定要「常加班、公司為家」。殊不知，就算你做到老、做到身體健康亮紅燈，拚命過了頭也沒用。

前些日子，我的授課班級「三十獨立職場學」有幾位主管來報名上課，總是說著老闆已經多年不調薪，就連部門缺人也不太願意補齊，儘管自己如此拚命，三年又五年過去，老闆都沒有看見自己的價值，於是就在職位上「躺平」，而這麼一躺，除了事情變更多，年資也伴隨青春上去，薪酬卻原地踏步、毫無長進。事實可以發現，主動要求老闆發現自己的好，的確很難，癥結是自己不去找問題的根本。

用手指使，出嘴發令，永遠都是主管與發薪老闆，最閒也最常找不到他們。他們三不五時碎念希望辦公室職員改變現狀、用腦思考、發揮更多可能性的創意，不要只會按表操課、埋頭苦幹。但是，又有多少人可以知道背後涵義，右邊進左邊出，繼續用著最安全的作法、遵循老鳥傳承菜鳥的捷徑，死守安逸圈，可以不用動腦、不用調整改變、不用花心思投入工作，你的職位當然不會有創造價值的空間，未來談調薪升遷更是天方夜譚。細想，主管與發薪老闆，是希望你只會做事還是要懂得改變、多元創新抑或有其他可能性發生？

老闆不願說的高價值高薪人設

一次課堂上，我請主管們寫下一天工作當中的職務內容，然而答案卻讓我十分吃驚，全部都是例行公事的回覆，就連大企業高階主管也一樣；哪怕是臨時交派工作或專案執行，始終無法寫出推翻、改革前後的差異，多數都是完成工作，而不是寫下問題、卡關，很明顯可以看見「似乎有重點，但看不出特點」。結論告訴我們，許多職員很會用文字描述工作時的辛苦、多麼努力勤奮，卻無法數字化具體的成效。

換個位置思考，假設你是高階主管或人資，是不是發現他們都把自己的人設，當作一般基層人員。他們心態是來完成工作，不會提出管理面的策略、創意及突破，日常就把自己先降下一階，走向行政庶務，老闆又怎可能大方與你談論升遷調薪。值得一提的是，這種人的個性多數傾向心思細膩、有耐性善溝通、勤勞怕衝突。

拉開職場組織鏈來看，我們會要求一般基層人員必須擁有「平易近人、耐心善溝通、專注於細心」，卻很少用同樣標準去要求主管或核心高階幹部，就算以「善於溝通」為例子，會用「斡旋談判、協調」等字眼當作高階必備的人設條件，前一個特質是「事務行政、和平怕紛爭、不善於領導讓利益最大化，」那麼，無關年資及能力，儘管再努力做死，你可能還是找不到自己擁有往上爬升的本事。

很多人就算工作數十年，總是認為「善良又親和力十足、好好主管」薪資一定是最高的，事實上，從業到現在，發薪老闆更愛具備「不怕被討厭、有獨到想法及改革作為、膽大不願妥協、敢當壞人」等人格個性。換句話說，這種人會想盡辦法說服讓你買單、甘願認同，才是領高薪該擁有的人設特質。

找「價值」，其實就是讓自己放大優勢！

我不得不否認，工作環境難免會遇到「自我為中心，不到三句話，就是歌功頌德自己多辛苦！」雖然沒人喜歡，也可能反而會質疑對方的實力及本事。但這樣的沉浸式置入很高明，自然而然全世界都知道他的千辛萬苦、豐功偉業，有時還會覺得他很有魅力、有趣。事實上，這也是我們要學習的作法，潛移默化的高竿毛遂自薦。

每件事情的面相價值沒有絕對，薪水低的人總覺得做事風格強出頭會招惹討厭、妒忌眼紅，說穿了就是抗拒成功的糾結感。歡呼成功的另一面相就是被妒忌；受挫失敗另一個面相就是被看不起、沒擔當；卡在中間的不上不下另一個面相就是平庸無奇、無法被看見優勢。職場工作難免會被妒忌、被看不起、貼上平庸的標籤，你得要選一個就定位，不是嗎？

只要你從一般基層人員搖身一變成為「會思考、會改變、膽子大一點」的人格特質，做出的成果絕對與過往不一樣，學習讓別人看見你的特色亮點，自然而然就總被貼上不可撼動的位置。儘管這家公司不行，有自信去毛遂自薦下一間公司，也會被發現價值，調薪升遷才有希望、未來由自己作主。

9. 做公關是為了打通關，禮尚往來也要有實際人情及業績進帳

這陣子兩個朋友相繼失業，一個是身體因素，公司希望她好好休息；另一位則面臨公司縮編的減少人力，被通知資遣。這兩個人都快三十五歲，想要再重新出發找份好工作，先後來找我喝咖啡、諮詢工作履歷表如何修改才能得到企業人資的關注。於是，我先問他們，口袋裡的存款可以夠撐多久？

不亂花錢，減少一些娛樂費應該可以再撐三個月！
一年內如果沒找到工作，可能我就要回老家，無法在台北了……

他們的答覆聽來誇張，卻也令我感到震驚。他們一位在家族大廠體系擔任行銷總監，另一個則在外資廣告公司擔任副總，年薪加上獎金少說也有兩百多萬，更何況平時都有存錢、投資買股票，應當不至於在沒工作之，落得如此下場。天知道，她們倆說出了同樣的理由：「唉唷，年輕嘛，請姊妹吃飯，偶爾送禮給家人、工作廠商及閨蜜們，都是必要的投資！」

他們最大的支出，當然是送奢侈品給工作上來往的朋友們。一年五、六次還算少，最貴就七、八萬，再加上當季新鞋新包、吃大餐喝紅酒，不看價錢、不手軟，一年支出百萬的開銷。就連與客戶應酬時的招待餐敘，甚至總是用自己的錢來買單。

然而，他們最終得到的，不僅不是訂單，也不是職場上的友好相助。面對令人心酸的高額帳單，卻也只能當作交朋友。她們不光花光薪水及獎金，連信用卡也刷爆，每個月繳最低應繳金額，再向家人借錢還卡債，總是在償還利息而非本金。招待請客的背後意義，究竟是為公司謀得利益，或提升自己的社交階級？無論是哪一種，都令人摸不著頭緒。做足面子，裡子就也讓存款超支了。

大爺當過頭了，賠了夫人又折兵

人在安逸的時候，容易忘記自己最低潮挫敗的模樣。有錢的時候，再奢華的美食及名牌包也不必看價格，手錶、跑車都是因為自己值得。身處失業的困境中，吃超商的銅板價食物、信用卡繳最低金額，生活苦哈哈也只是剛好而已。一旦瞬間有了錢、有了工作，就容易回到非理性的衝動購物模式之下，當起「你吃飯、我買單」的大爺。

這些人的相同認知都是錢賺得快、錢好賺，忘了這些鈔票都是自己付出勞力、時間換取而來，並非自己真的走大運。於是，職場上常有些人一時風光，又一時變落水狗，公司將他的福利及權力抽離，以人力縮編或資遣裁員來打發，而這樣的情節最容易發生在高階主管職位上，意氣風發時總會讓人過於安穩，「君王枕畔，怎可容你安穩酣睡」，正是提醒不要忘了自己的身分。

世故、厚臉皮，正是人和人最真實的相處之道

江湖走跳難免招待別人吃一頓飯、喝一杯咖啡，這舉手之勞作為善意的互動，都是關係上的「醞釀」。舉例來說，餐廳開業之前，試營運時會邀請部落客、有社群影響力的網紅、名人蒞臨，大家免不了要給出星級好評、在社群媒體上拍照、打卡，完成應盡的對等義務。然而，若是臉皮薄不敢要求「對等」回饋，直到事後才埋怨自己膽怯、老被人占便宜，又不敢直球對決。「臉皮厚」不是不要臉，真正贏家是彼此合理互動，禮尚往來地維繫情誼的「人情」交流。

有求於人是人之常情，但有借有還，更是成年人該做好的應盡之責。

出了社會多年，人與人之間的關係應對，要知圓融而不圓滑。換言之，職涯與生活有著密不可分的重疊性，將本求利之下，有著不同舞台、不同劇本，我們

各有不同角色需要詮釋，而唯一責任就是當個稱職的演員，實事求是盡心演出，給予適切的付出，也心安理得地收下該拿的回饋及報酬，「不好意思」、「怕麻煩別人」都只是內心劇場，也是不必讓自己吃下的悶虧。

人情表格化：以效益評估數字，也以數字看待真相

職場上，凡事評估效益。審視一件事的成效，最為直接的方式就是理性地以數字來衡量，進行表格化的分析，這說來俗氣，但這是不被情緒干擾的唯一客觀作法，畢竟談錢傷感情，但不談錢又虧待自己。越是成功的人，越有本事公私分明，繁瑣的情緒及人情壓力放到一旁，善用數字才能看待真相。

10. 三十歲的未來前景寫在每個當下，再多時間也容不得你浪費

有些人嘴裡喊著要躺平、要癱軟，終也無法成大事。於是不結婚、不買房、不花錢買東西，拒絕錢太快離開自己，卻也怕自己真的窮一輩子。甚至，常聽到許多人們理所當然地說：「我都已經三十歲了，薪水連三萬五都不到，存錢投資自己要做什麼！」

一位住關渡的友人在南港工作，天天加班、日日通勤來回三個半小時，回到

家時已疲累到連晚餐都吃不下。眼前的人生看來只剩下工作及回家睡覺，毫無可以稱為「生活」的樂事來切換重心，長時間身心疲累又沮喪。一心想要省錢的他不願搬至公司附近，卻浪費了更多的時間，過著寧可吃泡麵，也不要落得退休時沒錢的日子。

省錢很重要，但他做的事只對了一半。三十二歲的他帶著「養老心態」過日子不僅過早，還可能賠掉自己的前景。三十歲的精采人生才正要開始，或許有時會力不從心，努力不一定有成正比的收穫，但得要精準將時間放在重要的人事物上。不好好把握時間，接下來的成就卻可能會「加倍奉還」！

最有本錢和活力的年紀，下班後就該好好充電進修學習，或是建立有益、能帶來成長的社交人脈。更積極一些，可以好好研究「斜槓」的可能性，思考還有什麼感興趣、嚮往之事可以變現。為了省錢，若將大量時間放在通勤，卻犧牲給予未來的投資，就少了許多學習及交流的機會、人際經營的可能、甚至寶貴的睡眠休息時間，你說日子這麼過不可惜嗎？省了錢，卻也失去未來。

家住得遠、通勤時間多，是對工作慢性間接傷害

最有活力體魄、無限能量的時光，年輕人要多點心力放在工作力求表現、專心投入上。這對自己而言肯定都是件好事，所學所看的一切，將來都是自己成功的肥沃養分。

再來，公司與住家間距太遙遠，一次要花費通勤時間二至二個半小時以上，除了消耗了自己的體力，更是浪費時間。以舟車勞頓的時間補眠及放空，不僅長期影響工作品質，連帶犧牲了健康。建議年輕朋友找工作時，必須思考以下幾項必要的關鍵重點：

- **與其省錢與爸媽同住來減少開銷，倒不如想辦法「開源」來尋求額外收入。**
- **居住地及上班地點的通勤距離不宜過遠，留給工作的體力不該耗費在此。**
- **時間就是金錢，省下的時間用於經營自己，更有餘力投入其他事物。**

重點放在未來，當下只要全心專注，一天下來你將發現人生能努力的時間真

的太少，大可不必花在通勤時間上。於是，你得調整的心態不該是花時間省小錢，而是明白珍惜寶貴時光，讓充裕的時間來幫自己累積更多財富。開源再開源，有想法的工作者應當提早培養「富裕者」的心態。要省要摳，是平凡多數人基本認知；珍惜時間、用錢去滾利，才是有錢及成功者們可財富自由的思維。

薪水低，就躺平，省錢湊精緻

躺平後兩手一攤，多數上班族的人更認為「窮歸窮，但日子還是得過，生活還是要精緻啊！」週五下班，還是要喝一杯酒、吃個好料，刷信用卡來犒賞自己。上一代的長輩看不懂這世代的年輕人目標是什麼，每天都在空喊「小確幸」、不結婚，每天過一天是一天，背後真相其實是逃避面對「窮困、找不到未來」的哀傷感。

把時間拉長遠來衡量，適度的金錢投資於技能，肯定是穩賺不賠的個人投資，重點是未來將會發生什麼事，是否有薪資倍增的機會，如意算盤要算的都是未來。舉例來說，現在好好努力健身是為了身體更健康；找出斜槓技能、對於興趣精進學習，未來也有可能成為副業，增加額外收入；參加組織社團，認識志同道合的朋友，積累人脈圈。所作所為，無一都是希望在年輕時候，多做一點、多努力一些，為了開創更有可能的未來。

年紀越大，「錢」距也越大！

換個思維，拿到薪水先存再支出，額外挪出一小部分當作「學費」去投資自己、去進修社團、培養興趣所好，擴張人脈又可以認識到許多不同領域的「同好人」，工作之外又提升自己的眼界及視野。

你最有本錢的時候，不該太過度「守成」，害怕錢會不見，讓自己躲在舒適的同溫層中。由於「預先計畫」與「走一步、算一步」的思維大大不同，日子一久，你與別人的「財富自由」時限也拉出明顯差異。

認真細想，你與同儕或同年紀的，差距有多大？差很大，你得趕快就定位、調整下一步的「錢」進方向。

11. 「多工人」大於「工具人」：想在職場好過，搞懂誰才是真正贏家

疫情趨緩，各企業與公司行號陸續露出、蓄勢待發、整頓節奏後預備衝天之勢。求職者們也紛紛轉換工作，期盼新的開始可以擁有好薪酬、好工作，不再患得患失。打破過去的思維，這場浩劫也促使每個人意識得找到職涯旅程上的個人價值，可是工作上除了「人助」，你還得要有「天助」，甚至需要好的時運讓自己浮出枱面，使伯樂瞧見。只可惜大多時候，我們都太渴望「貴人出現」拉自己

一把，卻忘記了自己才是真正可靠的貴人。

日復一日，生活、工作每天照原地不動地軌跡走著，想要人生有多大變化，說來其實也有限。職涯中，總是同一份產業、同一項專業、同一個職位，不向外冒險，也不可能會有帶來突破的新局面，自己也難有工作上的新時運，更何況如今的求職市場競爭如此激烈。

一位朋友在廣告業擔任編輯企畫，公司禁不起疫情時長期欠缺營收廣告，外出採訪報導也增加限制，公司決定縮編及改組，而她面臨失業只得另謀生計。危機即轉機，依循著現下的時局，她也開啟了屬於自己專業上的商機。景氣不好，客戶預算下修，於是她整合自己的專長，一條龍從撰稿、攝影、印刷廠校稿看樣，事事親力親為；專業不足之處，她下了工夫去進修學習，現在甚至也包辦了廣告投放、數據分析等事務，幫客戶省下三倍的預算。市場趨勢產生變化，客戶當然也會相對因應，沒有理由不將案子包給一位「全才」來執行，省錢也省心。

可想而知，想要打破平凡常規、選擇不凡道路，「冒險型」人格，當然利潤報酬高，的確相對風險也高。事實也證明想要擁有高薪資、優渥的待遇、不被職涯市場的外在「意外」打擊，只有兩種積極的作法，可讓自己拿到比一般人更多倍的薪酬收入：

●培養自身是「多功人」體質，沒事就勤練功，也要練出不同專業的功：一種專業太過單薄，由興趣去延伸新的周邊技能，不但與自身都有關連性，也認清職場現實無情，早點「未雨綢繆」，好過「山雨欲來」突發被資遣。

●有本事的年紀，別守株待兔！要破格享有好人生，選擇冒險好過於平凡：想讓收入提高，唯有「轉換、改變」此刻現狀，才有機會破格；難度與壓力通常也伴隨風險高，相對帶來的薪酬也較可觀。還有體力的時候，建議膽子放大去冒險，得到的成果肯定比平凡工作更有意義、價值收穫。

窮忙一輩子，才驚覺自己只是工具人

多數人自認工作地位至關重要，原因竟是工作量多到做不完、老闆常有突如其來的任務交派、要替主管去他不克前往的會議及交際場合，這高居不下的江湖地位，想必就是「心腹」等級吧？殊不知，這種人最危險，欠缺危機意識，活在幻想小劇場的美夢之中。

山雨欲來之際，往往毫無退路，淪落為公司資遣、要求辭退的第一人選。背後的真相是，這類隨叫隨到的「工具人」多半長期過於安逸，不再爭取向上，替長遠未來做打算，甚至毫不規畫職涯上的目標。然而，他們也絕非主管與老闆想要優先栽培的對象，別說加薪沾不上邊，還要負責揹黑鍋。

放下常規、敢冒險，下一步才能跳得更高

職涯規畫、投資，其實是同一套理論。一般常見的員工為「平穩型」人格，

有如存放在銀行裡，動也不動的一筆錢，利率低、風險也低，能為你增加另外的收益嗎？不會，它只是一筆數字。打破常規，不讓自己成為呆板的數字，只專注於沒有進步的專業，若增進二至四種技能，就能讓自己成為人力市場的績優股。

你的專業是企畫，若另外習得數位廣告的投放分析、實體活動籌備執行、商品研發，未來轉職所能跨越的領域就不僅是企畫，更多了廣告及活動公關等選擇；若是業務人員，除了瞭解商品的優勢及價值，對於描述商品的文字撰寫、包裝美感若有想法就更有説服力，就能進一步嘗試其他高階的職務，如產品經理、品牌總監。接近核心的高階經理人、管理者不該只有一種專才，多重的技術能力、遠大的視野、策略性思維也該集於一身，才不被市場淘汰，彰顯個人的績效與存在價值。

一輩子工作時間將近三、四十年，你屬於哪一種人，關乎你是否成為職場工作的真正贏家。

刪拾就定位，每走一步都珍貴

作　者—蔡侑霖Denny Tsai
主　編—王衣卉
行銷主任—王綾翊
特約主編—陳柚均
全書裝幀—張巖
內頁排版—唯翔工作室

第五編輯部總監—梁芳春
董　事　長—趙政岷
出　版　者—時報文化出版企業股份有限公司
一〇八〇一九台北市和平西路三段二四〇號
發行專線—（〇二）二三〇六六八四二
讀者服務專線—〇八〇〇二三一七〇五
（〇二）二三〇四七一〇三
讀者服務傳真—（〇二）二三〇四六八五八
郵撥—一九三四四七二四時報文化出版公司
信箱—一〇八九九臺北華江橋郵局第九九信箱
時報悅讀網—http://www.readingtimes.com.tw
電子郵件信箱—yoho@readingtimes.com.tw
法律顧問—理律法律事務所　陳長文律師、李念祖律師
印　　刷—勁達印刷有限公司
初版一刷—二〇二二年四月二十九日
定　　價—新台幣四〇〇元

時報文化出版公司成立於一九七五年，
並於一九九九年股票上櫃公開發行，
於二〇〇八年脫離中時集團非屬旺中，
以「尊重智慧與創意的文化事業」為信念。

刪拾就定位,每走一步都珍貴/蔡侑霖Denny Tsai作. -- 初版. -- 台北市 : 時報文化出版企業股份有限公司, 2022.05

256面；14.8×21公分

ISBN 978-626-335-320-6（平裝）

1.CST: 職場成功法

494.35　　111005431

ISBN 978-626-335-320-6
Printed in Taiwan